U0004553

台灣自然圖鑑 001

臺灣藥用植物圖鑑

The Illustration of
Taiwan Medicinal Plants

286種藥用植物
觀察應用完全入門

張憲昌博士 著
Hsien-Chang Chang, Ph. D.

晨星出版

Contents

目錄

3

Contents
目錄

Contents
目錄

Contents
目錄

作者序

　　臺灣地處亞熱帶與熱帶地區，復因中央山脈縱貫南北，而兼具寒、溫、熱各型氣候，因而植物資源相當豐富。有關臺灣植物之調查研究，最初為英國植物學家Robert Fortune（1854年），之後日本及國人學者專家陸續調查研究。據《臺灣植物誌》（Flora of Taiwan）之統計，臺灣植物包括外來之品種達七千種之多，而藥用植物多達二千多種，其中較常用的約三百種。

　　茲為開發臺灣藥用植物資源，先選擇較具藥效及常用者共計286種，並按照恩格勒Engler & Prant System（1936AD）分類系統編排，而中文名及學名部分則依據《臺灣植物誌》及中草藥相關書籍習用名稱為主。並於總論特別列出本書之使用方法，以圖示說明形態及相關術語，且以易攜帶至野外參考為最大考量，亦是本書之最大特色。

　　本書收錄藥用植物，按形態特徵、別名、藥材名、藥用部位、效用、方例、分布地區、採收期、保存及栽植方法等，予以有系統之歸納，並特別列出辨識特徵或效用，以利讀者更易辨識我們周圍之藥用植物及應用保健。

　　編輯本書至野外採集及攝影時，承黃介宏、蕭家崑、林進文、吳振芳、黃良吉等諸位先生及內人陳昭慧女士惠予協助，且承晨星出版社惠予協助編輯，特此致謝。

　　本書之植物照片均為著者所拍攝，未經許可，恕勿轉載。本書撰寫參考文獻有限，遺漏或謬誤之處在所難免，尚祈諸先進同好多予指教。

張憲昌 謹識

臺北醫學大學生藥研究所

中華民國九十六年六月

·如何使用本書·

　　本書收錄較常用之286種藥用植物，按照恩格勒Engler Prantl System（1936AD）分類系統。中文名及拉丁文學名部分，依據臺灣植物誌（Flora of Taiwan）及中草藥習用名稱為主。為突顯每種藥用植物的療效功能，特地製作側欄索引，一翻開書即可查詢。本書收錄的藥用植物除了中藥材外，更有部分為民間藥，野外即可採集，故在書的頁碼附近，將採收的月份、藥用植物的生長環境及保存方式以小圖示說明。

資訊欄
將物種的中名、學名、科屬名、別名、藥材名記錄於此，方便查詢。

主圖
代表藥用植物的野外生長環境圖，並說明重要辨識特徵之圖。

科名側欄
中文科名及拉丁科名以便學名查索。

療效側欄
圖示藥用植物的療效歸類，詳見右頁療效圖示說明。

主文
涵蓋此藥用植物的形態、效用、方例等。強調此書不僅說明如何辨識，也將如何使用及方例皆舉出。

採集圖示欄
將採集月份（適合的採集時機以顏色標出）、保存方式、最佳採集地、栽培環境與部位皆以圖示，圖示說明請詳見栽培圖示專欄。

錦葵科

洛神葵 *Hibiscus sabdariffa* L.

| 科 名 | 錦葵科（Malvaceae） | 藥 材 名 | 洛神葵、洛神花 |
| 屬 名 | 木槿屬 | 別 名 | 洛濟葵、山茄 |

▲ 洛神葵多為栽培，花萼肉質粗厚，為洛神茶原料。

形態
灌木，莖多分枝，紅紫色而被有稀疏灰色粗毛。葉互生，3-5深裂之掌狀單葉，裂片長披針形，細鋸齒緣，均披生粗毛。花腋生單立，淡黃色，花心黑色，5片；萼粗厚肉質，5裂，外呈紅紫色。雄蕊多數，花絲合生；雌蕊自雄蕊中抽出，均較花瓣短。

效用
根為強壯及輕瀉藥；種子為輕瀉及利尿、強壯藥。萼水煎調糖當飲料（洛神茶），可消暑、健胃及促進食慾。

採收期　　　　　　　保存　　　　　採集地　　栽培環境與部位
206

保存、採集地、栽培圖示說明

保存

 置於陰涼乾燥處，防蟲蛀。

 置於陰涼乾燥處或冷藏，防蟲蛀。

 置通風乾燥處，防蟲蛀、防潮。

 乾燥後置密蓋容器，防蟲蛀。

採集地

 山野、森林

 平地、草原、丘陵

 溪流水邊、溼地、海邊

 庭園、公園、民宅、植栽

栽培環境與部位

日照：
 全日照　 半日照　 少日照

水分：
 溼　 適中　 少

施肥：
 適中　 略少

溫度：
 20～35

栽植：
 種子　 扦插　 孢子

 珠芽　 葉　 根

 莖　 根莖

▲ 洛神葵食用花萼。

▲ 洛神葵成熟種子。

▲ 葉互生，紅紫色被有稀疏灰色粗毛。

▲ 洛神葵花淡黃色，花心黑色。

方例
- 治便秘：根或種子20-40公克，水煎或燉赤肉服。
- 消暑、健胃、促進食慾：洛神花（花萼）適量，水煎調冰糖當飲料。與山楂等量，加桂花，水煎調冰糖當飲料。

花萼肉質粗厚

藥用部位及效用
藥用部位
根、種子、萼
效用
根為強壯及輕瀉劑；種子為輕瀉及利尿、強壯藥。萼水煎調糖當飲料（洛神茶），可消暑、健胃及促進食慾。

207

療效圖示說明

 心肺　 泌尿系統

 胃腸　 關節、骨骼

 肝膽　 眼疾

 耳鼻喉　 婦科

藥用部位及效用專欄
以圖示指明形態特徵或藥用部位，並且將效用文字記錄於此，方便對照查詢。

・藥用植物的定義・

　　藥用植物與一般「中藥」的涵義不盡相同，中藥係指調劑的藥材，而藥用植物不但包括中藥藥材，還包括生藥及民間草藥等。生藥為植物、動物、礦物三大自然界的自然物，取其全形或一部分，就其原態或施以簡單加工，用於醫藥者，統稱生藥。中藥藥材係指本草典籍及中藥典已有記載者，如黃連、半夏。而民間藥則指民間口碑相傳的草藥，而使用上，這三種藥材之範圍常有混用之現象，或民間藥其成份及藥效明確時亦升格為中藥藥材。所以，本書就統稱為藥用植物，而不再細分其為生藥或中藥藥材。本書共收錄286種藥用植物，依其特徵可分為以下幾類：

藥用植物

　　藥用植物除了觀賞外，因與人類生活及身體健康息息相關，藥用的價值更引起人們的重視。如鳳尾蕨、蕺菜、龍膽、黃連、桔梗、三葉五加等。

▲鳳尾蕨
鳳尾蕨藥性寒，味淡微苦，全草供藥用，具有清熱利濕、止痢、涼血解毒等功效。

▼桔梗
開著藍紫色的鐘狀花頗受大眾喜愛，是常用的中草藥，也是熱門的園藝植物。始載於《神農本草經》列為上品藥，具鎮咳祛痰效用。

藥用香草植物

　　此類植物主要從嗅覺的角度滿足人此類植物主要從嗅覺的角度滿足人類的需要，包括紫蘇、薄荷、羅勒、迷迭香等。近來，藥用香草植物被廣為應用，包括提煉芳香精油，及香草茶。

▶紫蘇
一年生草本。全株呈紫色或綠紫色。莖、葉治外感風寒、胸悶嘔吐、腳氣、解魚蟹毒等。

▲金錢薄荷
常見具芳香辛涼之香草植物，是百草茶重要原料之一，亦是藥用常用配方之藥材。有止咳、解熱、發汗之作用，也是食品香料之添加劑。

藥用蔬果植物

　　藥用植物亦有從味覺的角度滿足人類生活需要，藥用蔬菜類包括：紅鳳菜、苦瓜、冬瓜、胡蘿蔔等；藥用果樹類包括無花果、獼猴桃、構樹、石榴、桑樹、桃、梅、杏、龍眼、山楂、荔枝、柿子等。

　　大家對藥用蔬果植物較不陌生，因為它貼近我們的生活。現階段藥用蔬果植物在公共園林中多有應用，如梅、桃、李，且在家庭園藝中擁有極大發展潛力。許多家庭陽台或庭院均有種植，是較容易取得且易見的藥用植物種類。

▲紅鳳菜
莖及葉背帶有紫紅色的菊科植物，原產於東亞熱帶，今各地普遍栽培蔬菜之用，亦供藥用。民間以麻油加薑炒食，言有補血之效。藥用亦用治婦科血病。

▲無花果
各地零星栽培，屬於隱花植物（隱頭花序），以結一粒粒類球形之果實（花托）而得名。果實為緩和、健胃及輕瀉藥。

▼萱草
萱草又名金針，秋天開出黃色花，在台灣東部被大量栽培，花朵乾燥後作為食用蔬菜。

▲石榴
果實熟時成黃紅色，果肉深紅色可食，甜美稍帶酸味。果皮有殺蟲、瀉腸、止血之效。

· 藥用植物的分類 ·

　　本書收錄的藥用植物以植物分類來講，包括蕨類植物、裸子植物、被子植物等類群；而以構造及生活型態來看，則分為草本植物和木本植物，而木本植物又包括喬木、灌木及具攀爬性的藤本植物。以下就這幾個分類探討差異性。

依植物分類學區分

　　全世界的植物都歸在植物界，接著依植物間的特徵及差異，歸於所屬的學術分類標準：門、綱、目、科、屬、種。

蕨類植物（Pteridophyte）

　　蕨類是最早出現在地球上的維管束植物，大約和恐龍同時期。辨識蕨類的最佳方法，就是捲旋如問號的幼葉，以及蕨類的葉背具繁殖後代功能之孢子囊群。如鐵線蕨科、骨碎補科等。

▲鳳尾蕨全草可供作藥用，治療痢疾具卓越的效果。

▼海州骨碎補為骨碎補藥材之一，為山野岩石上或樹上之多年生草本蕨類，根莖具活血、止痛、續筋骨、補腎之效。

裸子植物（Gymnosperm）

　　裸子植物顧名思義，就是它的胚珠和種子都裸露，大多數人會以為裸子植物的葉子都是針狀或鱗片狀，並且會結出毬果，例如松科、柏科等。其實還有一些裸子植物如銀杏、蘇鐵等，葉子寬而長，果實則是漿果或核果。

▲側柏中藥常用於袪痰、鎮咳之良藥，另有扁柏之稱，因其葉成扁平側生而得名。

被子植物（Angiosperms）

　　果實包覆著種子，又稱開花植物，是目前植物界中最大的一群。又分成雙子葉植物（Eudicots）和單子葉植物（Monocots）。被子植物有菊科、桑科、禾本科等。

▲多年生常綠灌木或小喬木。梔子具消炎、解熱、利膽等效用。

▼小葉桑的果實就是大家熟知的桑椹，熟呈紫黑色，是滋補強壯、養顏美容之聖品。

依構造及型態區分

區分為草本植物和木本植物兩大類。草本植種多半較矮小，依生長季節不同分一年生、二年生及多年生草本。而木本植物，因維管束中的木質部分大，故多高大堅硬，又區分為喬木、灌木和具攀爬性的藤本植物。

喬木

喬木有固定幹形的主莖，通常在離開地面相當的距離後才有分枝。喬木按冬季或旱季落葉與否又分為落葉喬木和常綠喬木。

▲朱槿為灌木，全年開花。根及根幹皮有解毒、調經、通便、消炎之效。

灌木

灌木沒有中心主幹，通常從基部就會分出許多分枝。

▼牛乳榕為半落葉小喬木，全株被有毛茸，為山野常見之桑科榕樹屬植物。

藤本植物

植物體細長，不能直立，只能依附別的植物或支援物，纏繞或攀緣向上生長的植物。藤本植物（或稱攀緣植物）依莖質地的不同，又可分為木質藤本，如葡萄等，與草質藤本，如牽牛花。

▲小葉葡萄多年生藤本，是治跌打傷之要藥，分布於平野至山麓灌木叢中，民間亦多栽培應用。

草本

具有木質部不甚發達的草質或肉質的莖，而其地上部分大都於當年枯萎。但也有地下莖發達而為二年生或多年生的常綠葉的種類。

▼莎草地下莖貯存豐富澱粉，類白色有香味而稱「香附」。為理氣止痛及婦科藥。

• 認識藥用植物形態構造 •

植物有別於動物或其他生物，除了在形態、生理等方面不同外，最基礎的細胞構造也有差異，植物細胞組成了植物體，以藥用植物的開花植物為例，具有負責植物生長與發育的營養器官：根、莖、葉，以及負責繁衍的生殖器官：花、果實、種子。以下一一介紹藥用植物的構造，了解它們的功能：

果實
是由具單一雌蕊的一朵花所發育成的果實，依構造不同可再分成乾果和肉質果兩類。

花
花是被子植物重要的繁殖器官，一般而言，主要有雌蕊、雄蕊、花瓣、花萼等構造。

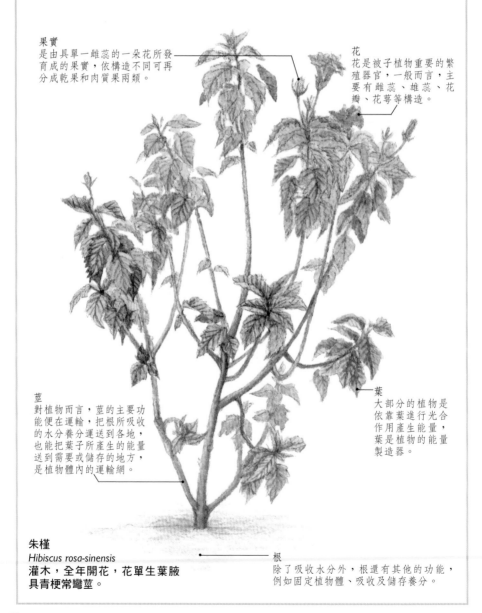

莖
對植物而言，莖的主要功能便在運輸，把根所吸收的水分養分運送到各地，也能把葉子所產生的能量送到需要或儲存的地方，是植物體內的運輸網。

葉
大部分的植物是依靠葉進行光合作用產生能量，葉是植物的能量製造器。

朱槿
Hibiscus rosa-sinensis
灌木，全年開花，花單生葉腋具青梗常彎莖。

根
除了吸收水分外，根還有其他的功能，例如固定植物體、吸收及儲存養分。

根

根就像房子的地基一樣，矮小如酢漿草高大如松樹，全都是依賴根的固定才能往上生長。還可以吸收土壤中的水分、礦物質供植物生長使用。根大部分埋藏在土中，特殊的如：蘭花、榕樹的氣根；水筆仔的支柱根；地瓜是儲藏根。

▲水生根
槐葉蘋是水生植物，靠水生根吸收水中養分。

莖

莖是連接根和葉的器官，主要功能是支持和輸送；外表看來莖上有節，節會長芽，芽會長成枝條、葉子或花。大部分莖是圓柱形生長在地上，特殊的如：洋蔥的鱗莖；馬鈴薯的塊莖；蓮花的根莖（蓮藕）；草莓的匍匐莖；絲瓜的攀緣莖。

▲莖
紫莖牛膝的莖部節膨大，是最佳辨識特徵。

▲攀緣莖
苦瓜，一年生攀緣性藤本，根莖果花有清熱解毒之效。

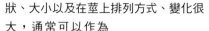

◆葉

葉著生在莖上，是植物進行光合作用、呼吸作用和蒸散作用的主要器官。它的形狀、大小以及在莖上排列方式、變化很大，通常可以作為植物分類的依據。

◀單葉
每一個葉柄著生一葉片。

▲掌狀複葉
葉柄上著生3片小葉以上，展開成掌狀。

▲單葉裂葉
葉柄只著生一片葉子，但葉片兩邊深裂如爪狀。

▲三出複葉
每一片葉子都是由三片小葉所組成的，而葉柄的基部會有芽，但小葉則沒有小葉的排列方式。

▲羽狀複葉
小葉片排列於葉軸兩側呈羽毛狀。「羽狀複葉」又分可依分枝次數來分為一回到多回。

◆葉序

葉子生長的排列順序。

▲互生
枝條二側的葉子交互生長。

▶對生
枝條二側的葉子相對生長。

◀十字對生
葉片對生且上下兩片成十字狀。

▲輪生
二片以上的葉子生長在枝條同一段位置上，並呈現輻射狀排列。

▼叢生
葉子集中生長在枝條的頂端。

◆葉形

▲線形

▲披針形

▲倒披針形

▲鐮形

▲長橢圓形

▲橢圓形

▲卵形

▲倒卵形

▲腎形

▲倒心形

▲圓形

▲菱形

▲匙形

◆葉緣

▲全緣

▲鋸齒緣

▲細鋸齒緣

▲淺裂

▲深裂

◆葉端

▲漸尖

▲銳尖

▲鈍形

▲圓形

▲微凹

▲凹形

▲凸形

▲尾形

◆葉基

▲心形

▲截形

▲圓形

▲鈍形

▲楔形

▲歪斜

花

　　花是被子植物重要的繁殖器官，一般而言，主要有雌蕊、雄蕊、花瓣、花萼等構造。一朵花中如果同時具有雄、雌蕊，稱為兩性花；如果只有雄蕊或雌蕊，稱為單性花。一株植物同時有雄、雌性花，為雌雄同株；分別在兩株上，為雌雄異株。雄蕊上有花粉，當花粉傳到雌蕊的柱頭上時，會長出花粉管通到子房內的胚珠，一但胚珠授精，就可以結成種子與果實。

雌蕊
被子植物的雌性生殖器官，稱為雌蕊，通常長在花的中央部分。其構造基本上可分為三個部分：膨大的基部為子房、長在子房上細長的花柱、花柱頂端的柱頭。

花冠
為花瓣之合稱。

雄蕊
為植物之雄性生殖器官，包括花絲及花藥兩部分，花粉則存在花藥中。

花被
花萼與花冠合稱花被，有吸引傳粉者的作用。

花藥
雄蕊頂端膨大物著生於花絲上，產生花粉的構造。

花絲
雄蕊支持花藥的構造。

花萼
為萼片之合稱，可保護花芽通常為綠色，形狀像花瓣或葉片。

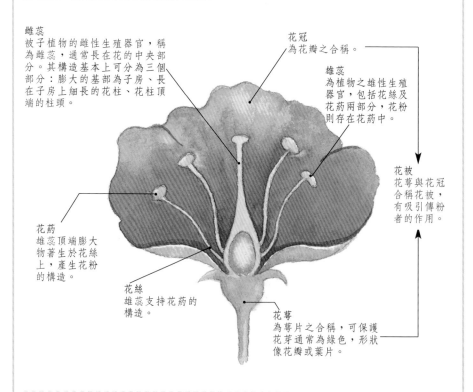

◆花序

▲穗狀花序
花軸上著生無花柄之小花。

▲總狀花序
花軸互生多朵有梗小花。

▲圓錐花序
主軸生分枝，分枝再著生小花。

▲繖形花序
小花花梗集生花軸頂端。

▲繖房花序
下部花柄較長，
散開成平面狀。

▲葇荑花序
單性花無花柄，
花序柔軟下垂。

▲聚繖花序
花軸頂端及分枝
各著生小花。

▲複聚繖花序
花軸分枝再著生
小聚繖花序。

▲隱頭花序
花軸膨大呈囊狀，
小花著生。

▲頭狀花序
花軸縮成盤狀，
頂端著生小花。

▲佛焰花序
花軸肥厚花序外
側有大型苞片。

◆花冠形

▲筒狀
花冠筒呈長圓筒
狀。

▲鐘狀
花冠筒寬闊呈鐘
形。

▲壺狀
花冠筒略呈圓形
且上部窄縮。

▲輪狀
花冠筒短，各花
瓣作輪狀排列。

▲漏斗狀
各花瓣相連結，
冠筒呈漏斗狀。

▲蝶狀
由旗瓣、翼瓣、
及龍骨瓣形成。

▲舌狀
花瓣裂片呈現舌
狀。

▲唇形
花瓣成上下兩裂
片，似兩唇。

◆果實

是由具單一雌蕊的一朵花所發育成的果實，大多數植物的果實均是單生果，依構造不同可再分成乾果和肉質果兩類。

單生果－肉質果

是指由單一子房發育成的果實，果實成熟後，果皮的水分含量高，呈柔軟肉質者。

▲漿果
由一或多數心皮發育而來，外果皮薄，中內果皮肥厚多汁，含多粒種子。

▲柑果
外、中果皮形成果壁，內果皮瓣狀，內側表皮向內突出形成楔形汁囊。

▲瓜果
由多數心皮的子房發育而來，花托與外果皮合生成瓜皮，內含多數種子。

單生果－乾果

是指果實成熟後，果皮的水分含量極少者，可分成裂果與閉果兩種。閉果指乾果成熟後，果皮不會自行裂開者。果皮會自行開裂者稱為裂果。

▲瘦果
含種子一枚，果皮與種皮不癒合，成熟時果皮不開裂。

▲蓇葖果
果實成熟後會開裂，開裂方式多種，如黃槿、酢漿草。

▲蓇葖果
由單一心皮所組成，成熟時單邊開裂。

▲莢果
成熟時沿兩腹縫線、背縫線開裂，果皮裂成兩瓣。

多花果

由多數花或全花序密集發育而
成，每朵花長成一小果，缺少花托，
如桑椹。

▲多花果

▲核果
內果皮構成堅硬組織，保
護種子，中果皮發育成肉
質，外果皮較薄。

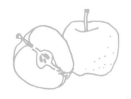

▲梨果或仁果
下位子房與花筒癒合發育
而成。其外果皮與花筒沒
有明顯界限。

▲聚合果
由許多小瘦果集合於膨大
的花托上所構成，食用由
花托發育而成，如草莓。

▲穎果
成熟時果皮與種皮癒合成皮
膜狀。為禾本科所特有。

▲翅果
果皮延伸成翅狀物，翅數
通常1或2，可借風力傳播。

▲堅果
果皮堅硬而不開裂，內
含種子一枚。

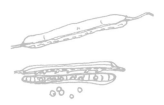

▲長角果
果實較短角果為長，成熟後也會開裂。

▲短角果
果實呈多角狀，成熟後
會開裂。

· 如何採集藥用植物 ·

　　藥用植物的採收須時間性和技術性，時間性主要指採收時期與採收年限，民間有俗話說：「三月茵陳，四月蒿，五月六月當柴燒。」說明了採收季節的重要；而技術性指的是採收方法和藥用部位的成熟程度，二者必須相輔相成。

　　採收的時期和藥用部位習習相關，以下就以藥用部位說明採收的最佳時間點，以期達到藥用植物的最佳品質。

地下根莖

　　一般於秋末至春初，當植物地上部分枯萎時進行採收，此時期植物營養物質已蘊藏於地下部分，且所含有效成分最高，如山藥、桔梗等；但少數藥用植物如當歸，為避免開花，根部空心和木質化而失去藥效，應在生長期採收。

▶ 濱當歸
濱當歸地下根莖的採收期應於生長期採收，以避免根莖木質化而失去藥用成分。

▶ 山藥
山藥的地下根莖應於地上部分枯萎之時進行採收，此時的有效成分最高。

樹皮和根皮類

　　多在春夏之交，植物生長旺盛期，樹液流動最快時採剝，此時期樹皮內汁液充足，有效成分含量最高，易剝離。因為樹皮和根皮的採收，容易損害植物生長，應當注意採收方法，不可環剝。

▲小葉桑
根皮為止咳、祛痰要藥，根皮的採收最好於春夏之交採剝，避免損害植物生長。

▲野桐
野桐的樹皮治胃潰瘍、十二指腸潰瘍、慢性皮膚病等，秋季採收最佳。

花類

　　採摘季節要求較嚴格，過早氣味不足，過遲則花瓣散落破碎，一般應在含苞或花初放時，選晴天採摘，如金銀花等；菊花應在花盛開時採集；紅花應在花冠由黃變紅色時採收。

▲忍冬
忍冬（金銀花）的花最好選在花蕾將初綻放前之晴天時採摘，以免花開散落。

▲長柄菊
長柄菊的花最好於盛開時採摘，這樣的狀態下的藥效成分最佳。

全草和葉類

全草類一般多在枝葉生長茂盛或初花時期採收，此時期產量高、品質好，如藿香、馬鞭草、穿心蓮等；但薄荷等要在花尚未形成前採收；茵陳蒿在幼苗期採收。而葉類則在葉片生長茂盛，色青濃綠時採收較好，如蓮葉、大青葉，但枇杷葉和欖仁葉則要在落葉時收集。

▲ 茵陳蒿
茵陳蒿最好在幼苗期就將全草採集保存，此時的品質最好。

▲ 馬鞭草
馬鞭草全草的最佳採集時期是枝葉生長茂盛及初花時期。

果實和種子類

多數在果實完全成熟時採收，如石榴過早採收則氣味淡，過遲採收則果實脫落，氣味也差。有些果實要在果實成熟之後，再經霜打才採摘，如山茱萸要在晚秋霜打成紅紫色時採摘；青皮、枳實、烏梅等要在果實尚未成熟幼果時採摘。牽牛子、決明子等應在種子完全成熟時採收，此時籽粒飽滿，有效成含量高。

▲ 枸杞
枸杞果實為漿果，有滋補強壯、明目劑之效，最佳採收期為果實紅熟時。

▶決明
決明果實為莢果，應在種子完全成熟時採收，有效成分含量高。

菌、藻、孢子類

　　海金沙應在孢子實體剛成熟期採收，過遲則孢子飛散。

▶ 海金沙
夏季採收成熟海金沙的孢子，金黃色猶如海邊的細沙，是消炎、解熱的重要藥材。

採集裝備

　　以下是到野外採集藥用植物時常用到的裝備，建議您盡量攜帶齊全。至於個人服裝方面，則以舒適輕便為主。

▲封口袋或採集箱
採集葉、花、果實或全草時，需先置於封口袋或採集箱中，避免藥材被外力破壞。

◀修枝剪
用來剪取木本植物的枝條。

▲望遠鏡

◀鏟子
常用來挖取草木植物的地下部（如根莖或根）。

◀高枝剪
用來剪取較高大的喬木之枝條、花朵或果實。

▶ 標籤紙
用來記錄並標示所採集的藥用植物名稱。

▲圖鑑
至野外採集時，為確認採集的植物無誤，最好隨身攜帶圖鑑，幫助鑑別。

▲照相機

▶手套
採集時須戴棉布手套，以防被植物的銳刺刺傷或刮傷。

▲美工刀

・藥用植物的加工及保存・

　　藥用植物進行採收後，除少數品種如山藥、骨碎補等鮮用外，絕大多數應先進行初步加工，以防止霉爛變質，有利於貯藏。而採收後的立即加工處理，更有助於藥用植物的保存，將藥效成分完全封存。

地下根莖

　　採收後先要去淨泥土、鬚根和多餘枝葉，然後進行清洗、刮皮或切片。對質堅難乾燥的粗大根莖，應趁鮮切片再乾燥，如商陸、玄參、葛根等。對於乾燥後難去皮的植物，如桔梗、半夏等，應趁鮮刮去外皮；有些得先進行蒸煮，如何首烏等；而肉質含水量大的塊根、鱗莖類植物，如百部、天門冬等，應先用沸水略燙一下，再切片乾燥。

▲葛根
葛根質堅難乾燥，要趁新鮮切片。

▲百部
百部的地下根莖因為肉質含水量大，最好先用沸水略燙後，切片乾燥。

樹皮和根皮類

　　採收後趁早切成塊或片，直接曬乾。但肉桂、杜仲等，應先入沸水中川燙後，取出疊放，讓其發汗，待內皮層變紫褐色，再刮去栓皮，然後切成絲、片，或捲成筒狀，再曬乾或烘乾。

▲黃檗
黃檗的樹皮治咳嗽、支氣管炎，採收後趁早切成塊或片，直接曬乾。

▼木槿
木槿的根皮為消炎、整腸藥、除熱、潤燥、消腫。

花類

採收後置通風處攤開陰乾，或在低溫條件下迅速烘乾。應保持花朵完整，顏色鮮艷，還應注意保持濃厚香氣，如金銀花等。少數花類藥材，還需蒸後乾燥，如金鈕扣。

▶ 金鈕扣
金鈕扣的花春至秋季開花，最佳採收期是夏至秋季，需蒸後乾燥。

全草類和葉類

採集後宜放在通風處陰乾或晾乾，在未完全乾透前，就要紮成束，再晾至全乾，如紫蘇、薄荷等。一些肉質植物，如馬齒莧等，葉肉內含水量較高，宜先用沸水燙後陰乾。

果實和種子類

果實採收後可直接曬乾，果實大不易乾透藥材應切片後曬乾。以果肉或果皮入藥的，如山茱萸、陳皮等應去核、剝皮或去瓤。種子類藥材則於採收後曬乾脫粒，或去除果皮、種皮，如薏苡、決明子等；有的要打碎果核，取出種子入藥，如杏仁、酸棗仁等。

◀ 薏苡
薏苡在果實採收後曬乾，再去除果皮或種皮。

▲ 無花果
無花果的果實可鮮品食用，主治痔瘡，而曬乾後的果實，水煎服則可鎮咳。

◀ 紫蘇
紫蘇全草採集後，在未完全乾透前，就要紮成束，再晾至全乾。

·藥用植物的應用·

每種藥用植物都具有其藥性，中醫稱為「四氣五味」。即屬陰者有寒涼，屬陽者有溫熱，並有中間的平；熱性的病需要用寒涼的藥來治，寒涼的病得用熱性的藥治療；此即藥物四氣應用。五味係指辛、酸、甘、苦、鹹等，據中醫的說法：辛有散，酸有緩，苦有堅，鹹有柔，淡味有利濕之效。以下就藥用植物的不同藥性及療效，論述其使用方法。

藥用植物煎服法

藥用植物之煎服方法是否恰當，對於藥效的發揮有莫大關聯，須特別注意其藥性及煎服的方法。容器以陶器為佳，因其不易發生化學變化。一帖藥，加水600-800CC，煎存半量，大約30分鐘，煎好後，乘熱去渣。最佳服用時間在於兩餐之間，不宜空腹服用。若屬發散劑和瀉下劑的藥材不宜久煎，為使藥效易出，有些藥材須以水及酒合煎，即所謂的加酒煎服或半酒水煎服。

藥草茶的藥草製作

藥草茶可依體質配合藥用植物之性味，以數種藥用植物一起煎煮飲用。例如，益母草（性甘）、馬齒莧（性酸）、紫蘇（性辣）、爵床（性鹹）等五種藥用植物而成之複方。本書每種植物皆附有藥用植物的主要療效以及方例，可將藥用植物依性味或依本書所述之方例，煎煮適合的藥草茶，以改善體質或達其療效。

藥草茶的藥草之製法

Step1
將野外採集回來的藥用植物洗淨，並除去雜質。

Step2
洗後之藥用植物，以蒸鍋蒸煮。（等蒸鍋中冒出蒸氣，才把藥用植物放入，蒸2-3分鐘。）

藥浴療法

　　我國民間習俗，常以菖蒲、臭杏、艾等藥用植物煎湯洗浴，不但可驅邪，且可除皮膚病。藥浴用藥用植物的採集方法及保存皆相同（參見026-031頁）。藥浴時可將浴用藥用植物配好裝於棉紗袋中，先以煮沸熱水於臉盆中浸泡約10分鐘，釋放有效成分，然後再整盆連藥用植物一起倒入浴池，溫度最好約攝氏40度，不必使用肥皂。

藥浴藥用植物部位及功效

植物名稱	使用部位	功　效
蘄艾	葉、莖	神經痛、腰痛
忍冬	全草	腰痛、關節痛、皮膚病
金銀花	花	消炎、潤膚、皮膚病
臭杏	全草	痱子、瘡疥、皮膚病
蕺菜	全草	痱子
冇骨消	葉	神經痛
艾	葉	痔瘡、潤膚
食茱萸	莖葉	祛風濕

Step3

取出蒸過之藥用植物，放於籮筐中，剝下葉片及嫩枝。

Step4

以菜刀細切為2-3釐米左右，大葉片可縱切，然後以紗布包，榨出水份。

Step5

攤開在乾淨紗布或瓦楞紙上曬乾。晴天約一天即可，陰天則須2-3天。

Step6

將製好的藥用植物，置乾燥罐中，放入乾燥劑以免潮濕，同時註明藥名及日期。

臺灣藥用植物圖鑑

The Illustration of Taiwan Medicinal Plants

過山龍 *Lycopodium cernuum L.*

科 名	石松科（Lycopodiaceae）	藥 材 名	伸筋草
屬 名	石松屬	別 名	筋骨草、伸筋草、鹿茸草、貓公刺、貓骨

▲ 山野濕潤處草本植物，植株下部生枝條，向四方開展，著地則發根生苗，猶如過山之龍而得名。

形態

多年生常綠草本，質柔，下部生枝條，向四方開展，著地則發根生小苗。根少，白色鬚狀。葉線形，先端銳。夏季枝端生孢子囊穗，橢圓形，黃色，孢子囊成熟則開裂，放出黃色孢子。

效用

全草治肺病及咳嗽。孢子治皮膚病，有強精之效。

方例

- 治肺炎、黃疸：筋骨草鮮品20-40公克，水煎服。
- 治小便不利、夢遺失精：筋骨草、海金沙、鮮品各40公克水煎服。
- 治跌打傷、調和筋骨：鮮品40-75公克，加酒煎服。
- 治痢疾：全草鮮品40-75公克、調紅糖，水煎服。

葉線形，先端銳

莖質柔，下部生枝條

藥用部位及效用

藥用部位
全草、孢子
效用
全草治肺病及咳嗽。孢子治皮膚病，有強精之效。

採收期

1	2	3	4	5	6
7	8	9	10	11	12

保存　　

採集地　

栽培環境與部位　

石松 *Lycopodium clavatum* L.

科 名	石松科（Lycopodiaceae）	藥 材 名	石松、石松子（孢子）
屬 名	石松屬	別 名	小筋草、伸筋草

▲ 石松於山野處群生，多分布於中海拔山區。《本草拾遺》記載：「石松，生天台山石上，如松，高一、二尺也。」故名。因為匍匐莖蔓生的特性，在《草藥性》又有伸筋草的名稱，《滇南本草》則有過山龍之稱。

形態

多年生常綠草本。莖細長，匍匐地上。莖密生鱗片狀細葉，輪生或作螺旋狀排列，質硬，色綠而有光澤，莖頂著生圓柱狀之孢子囊穗二個，直立。

效用

全草治肺病及咳嗽藥、風寒濕痺、關節痠痛、皮膚搔癢等。

方例

- 治關節痠痛：石松、虎杖根、大血藤各12公克，水煎服。
- 治風痺、筋骨痠痛：石松12-40公克，水煎服。
- 治水腫：石松20-40公克，水煎服。
- 治腫瘍：石松子研末，散布患處。

莖細長，
密生鱗片狀細葉

藥用部位及效用

藥用部位
全草、孢子
效用
全草治肺病及咳嗽藥、風寒濕痺、關節痠痛、皮膚搔癢等。孢子為撒布劑治皮膚糜爛等，並為丸衣用。

採收期　　　　保存　　　　採集地　　栽培環境與部位

長柄千層塔 *Lycopodium serratum* Thunb. var. *longipetiolatum* Spring

科 名	石松科（Lycopodiaceae）	藥 材 名	金不換
屬 名	石松屬	別 名	金不換、千層塔、龍鱗草、七寸金

▲ 中海拔山野陰濕地自生，葉片交互著生成層塔狀，有千層塔及七寸金之名。

用於跌打傷之要藥，由於藥效顯著且採集不易，因此貴重得即使有千金也不易換得，而有「金不換」之名。

形態
多年生常綠蕨類。葉密生於莖上，葉片倒披針形，基部狹，葉緣具不整齊銳鋸齒，主脈明顯，莖上之葉片，交互著生成層狀。孢子葉形同，孢子囊著生葉腋，腎形，黃白色，熟裂露出黃褐色孢子。

效用
祛瘀行血、止血。治跌打傷、月經不調。

方例
- 治跌打傷、瘀血：金不換、梨壁草等量，水煎服。
- 治肺炎、肺癰：金不換20-40公克、肺炎草20公克、麥門冬8公克，水煎服。
- 治肺癰吐血：金不換鮮品40公克搗汁調蜜服。
- 治跌打腫痛：全草鮮品和酒糟、紅糖，搗爛外敷。
- 治陰濕：金不換，水煎洗患處。

葉片倒披針形

葉緣具不整齊
銳鋸齒

藥用部位及效用

藥用部位
全草、孢子

效用
祛瘀行血、止血。治跌打傷、月經不調。

採收期　　　　　保存　　採集地　　栽培環境與部位

石上柏 *Selaginella doederleinii Hieronyus*

科 名	卷柏科（Selaginellaceae）	藥 材 名	石上柏、龍鱗草（臺）
屬 名	卷柏屬	別 名	生根卷柏、龍麟草、綠色卷柏、山扁柏

▲ 山野陰濕處，常見附生於岩石上或路旁之蕨類植物。由於葉似柏木之葉，且於分枝處生根而有石上柏、生根卷柏之名。

形態

多年生草本。莖斜上，分枝處生根，多回分枝而密。由主莖之側葉連續著生，小枝葉呈覆瓦狀，葉半矩圓狀披針形，基部包被枝上，具緣毛狀微鋸齒緣。孢子囊穗頂生，2穗，四稜形，孢子葉卵狀三角形。

效用

有清熱、解毒、利濕、消腫止痛、活血祛瘀、抗腫瘤之效。

方例

- 治呼吸道疾病發炎：石上柏20公克水煎服。
- 治肝炎、肝硬化腹水、黃疸、膽囊炎：石上柏20-40公克，水煎服。
- 治癌症：石上柏40-75公克，加瘦肉，紅棗數枚水煎服。
- 治腫毒：以鮮品搗敷患處。

葉半矩圓狀披針形

藥用部位及效用

藥用部位
全草

效用
有清熱、解毒、利濕、消腫止痛、活血祛瘀、抗腫瘤之效。治肺炎咳嗽、咽喉腫痛、氣管炎、扁桃腺炎、肺炎、濕熱黃疸、肝硬化腹水、瘡癤、鼻咽癌、肺癌、肝癌等。

採收期

保存

採集地

栽培環境與部位

萬年松 *Selaginella tamariscina* (Beauv.) Spring

科名	卷柏科（Selaginellaceae）	藥材名	卷柏、萬年松
屬名	卷柏屬	別名	卷柏、還魂草、長生草、石花

▲ 萬年松又名卷柏，為多年生草本蕨類。每遇乾旱時，枝葉捲縮成團，成枯萎狀，遇水分充足時枝葉復伸展變綠復生，故有卷柏之稱。習稱萬年松、還魂草。

形態

多年生常綠草本，莖直立粗短。莖端叢出分枝，密生鱗片狀小葉，似扁柏，先端有刺毛，葉長卵形，邊緣具鋸齒，小枝端四稜，孢子球形，孢子葉三角形。

效用

理血、疏風收斂之效。治月經不順、月經腹痛、腸出血、痔出血、尿血、脫肛等。

方例

- 治腸出血、尿血：全草10-15公克，煎服。
- 開胸利膈、或治跌打咳嗽、去鬱氣：全草20公克，燉赤肉服。
- 治腰扭傷痛：與椿根、丁香、蒼耳子各10公克，水煎服。

長卵形，邊緣具鋸齒

藥用部位及效用

藥用部位
全草

效用
理血、疏風收斂之效。治月經不順、月經腹痛、腸出血、痔出血、尿血、脫肛等。

採收期

1	2	3	4	5	6
7	8	9	10	11	12

保存　採集地　栽培環境與部位

臺灣木賊

Equisetum ramosissinum Desf. subsp. *debile* (Roxb.) Hauke

科 名	木賊科（Equisetaceae）	藥 材 名	木賊草、本木賊、接骨草
屬 名	木賊屬	別 名	節節草、木賊草、木賊、接骨草、接骨筒

▲ 山野陰濕處多年生草本植物，莖表面粗糙，常被用於刨光木材之用，而有木賊之稱，其莖有節，節節相連，而有接骨草、接骨筒之異名。

形態

多年生草本。莖有營養莖與生孢子囊穗莖之分。莖中心孔大形，表面粗糙，具8-15縱溝；各節有葉，鞘狀邊緣成尖齒片。莖頂抽出黃色長橢圓形之孢子囊穗，直立。

效用

收斂止血、清熱、利濕、發汗、明目之效。治腸出血、痔出血、水腫、眼疾、急性黃疸型肝炎。

方例

• 治血痢：木賊草20公克，水煎服。
• 治水腫、小便不利：木賊草20公克，木通、白芍、枳殼、淮山各8公克，水煎服。
• 治急性黃疸型肝炎：木賊草20公克，水煎，或與山梔子、苦藏、長柄菊各12-20公克，水煎服。
• 治眼疾發炎：木賊草20-40公克，水煎服。或與穀精子、決明子、千里光各12公克，水煎服。

自莖頂抽出，黃色長橢圓形

莖中心孔大形，表面粗糙

藥用部位及效用
藥用部位
全草
效用
收斂止血、清熱、利濕、發汗、明目之效。治腸出血、痔出血、水腫、眼疾、急性黃疸型肝炎。

採收期

| 1 | 2 | 3 | 4 | 5 | 6 |
| 7 | 8 | 9 | 10 | 11 | 12 |

保存
 A

採集地

栽培環境與部位

鈍頭瓶爾小草 *Ophioglossum petiolatum* Hook.

科 名	瓶爾小草科（Ophioglossaceae）	藥 材 名	一葉草
屬 名	瓶爾小草屬	別 名	一葉草、獨葉草、獨葉金鎗草、金劍草

▲ 蕨類中獨特之形態，孢子葉自營養葉的基部生出，常呈一片葉子，而有一葉草、獨葉草之名。為解熱、消炎要藥。

形態

多年生草本。單葉或2-3枚，纖細，營養葉長卵形，先端銳尖或鈍頭，基部圓截形，孢子葉自營養葉的基部生出，孢子囊穗，線形，孢子囊群並排二列，呈淡黃色。

效用

兒科要藥，解熱、消炎之效。治喉痛、口腔疾患、肺炎、蛇傷、心臟病。外用治面疔、疔瘡。

方例

- 解熱、消炎、治小兒疾患：全草10-20公克水煎或搗汁服。
- 瀉熱、治喉痛、肝病：全草20-30公克搗汁服。
- 治肺炎、心臟病、口腔疾患：全草20公克搗汁服。
- 治蛇傷、疔瘡：全草搗汁服，並搗敷患處。

孢子囊群並排二列
呈淡黃色

根狀莖短
而直立

營養葉長卵形

藥用部位及效用

藥用部位
全草

效用
兒科要藥，解熱、消炎之效。治喉痛、口腔疾患、肺炎、蛇傷、心臟病。外用治面疔、疔瘡。

採收期

| 1 | 2 | 3 | 4 | 5 | 6 |
| 7 | 8 | 9 | 10 | 11 | 12 |

保存

採集地

栽培環境與部位

海金沙
Lygodium japonicum (Thunb.) Sw.

科名	莎草蕨科（Schizaeaceae）	藥材名	海金沙
屬名	海金沙屬	別名	珍中笔、珍中笔仔、鼎炊藤

▲ 攀緣性草本，葉二型營養葉及孢子葉。

採收成熟的孢子，金黃色猶如海邊的細沙，是消炎、解熱要藥。

形態
多年生攀緣性草本。葉為1-2回羽狀複葉，小葉卵狀披針形，葉緣鋸齒不規則分裂，上部小葉無柄羽狀或戟形，在下部分具長柄。葉背具孢子囊，夏秋季成熟。

效用
全草具活血、理傷、散腫、解熱、利尿之效。治淋痛、牙痛、感冒。

方例
- 治肺結核吐血：莖葉與茶匙癀、苦藤各20公克，水煎服。
- 治腰扭傷：全草40-75公克、蒼耳20公克，煎酒服。
- 治帶狀疱疹：全草、孢子、臭杏、功勞木等研末調蛋白，外敷或塗抹患處。
- 治淋、利尿：孢子7公克煎服。

羽狀複葉，羽片4對以上

藥用部位及效用
藥用部位
全草、孢子
效用
全草具活血、理傷、散腫、解熱、利尿之效。治淋痛、牙痛、感冒。孢子利濕熱，通淋為利尿劑、消炎劑。治淋病、水腫、尿道炎等。

採收期

保存

採集地

栽培環境與部位

鳳尾蕨 *Pteris multifida Poir*

科 名	鳳尾蕨科（Pteridaceae）	藥 材 名	鳳尾草
屬 名	鳳尾蕨屬	別 名	鳳尾草、井邊草

▲ 鳳尾蕨為多年生蕨類，葉羽狀複葉。

鳳尾蕨是很容易適應環境的蕨類，平野陰濕處常見。用於治療痢疾方面的藥草。因為葉羽狀如羽像鳳之尾羽而得名。鳳尾草藥性寒，味淡微苦，全草具有清熱利濕、止痢、涼血解毒等功效。

形態
多年生常綠蕨類，根狀莖短，橫走，外被棕褐色線形鱗片葉，葉叢生。葉羽狀複葉，羽片在葉軸上下延為翼，翼下部漸狹，羽片4對以上，對生，上部者不分裂，長線形，先端漸尖，營養葉鋸齒緣，基部羽片常再分裂，具小羽片數枚，葉及葉脈無毛。孢子葉背著生孢子囊群。

效用
解熱、止瀉之效。治赤痢、下痢、淋病、傷風等。

採收期

1	2	3	4	5	6
7	8	9	10	11	12

保存

採集地

栽培環境與部位

44

▲ 羽葉複葉，羽片4對以上。

▲ 羽狀的葉片猶如鳳之尾而得名。　　　　　▲ 原野常見群生。

方例

- 治大腸炎：鳳尾草、乳仔草、蚶殼草各20公克，加紅糖水煎服。
- 治慢性腸炎：鳳尾草20-40公克、艾頭、枸杞根、咸豐草根各10公克，加鹽少許，水煎服。
- 治痢疾：鳳尾草、乳仔草、咸豐草各20公克，水煎服，或加犁壁刺、蝴蠅翼草及冰糖，治赤痢。
- 百草茶原料：解熱、利尿、生津止渴、消暑之效。鳳尾草、咸豐草、黃花蜜菜、魚腥草、薄荷，水煎當茶飲。

羽狀複葉，羽片4
對以上

藥用部位及效用

藥用部位

全草

效用

解熱、止瀉之效。治赤痢、下痢、淋病、傷風等。

半邊羽裂鳳尾蕨 *Pteris semipinnata* L.

科名	鳳尾蕨科（Pteridaceae）	藥材名	半邊旗
屬名	鳳尾蕨屬	別名	半邊旗、半邊蕨、甘草蕨、甘草鳳尾蕨、半邊梳

▲ 平野陰濕地常見蕨類，半邊羽狀葉片是特徵。是消腫、止血、跌打傷之重要藥材。

形態

多年生草本，葉疏生具長柄，葉卵狀披針形，一回羽狀分裂，上部羽狀深裂達葉軸，裂片線形或鐮形；下部於2/3處有近對生之半羽狀羽片4-8對，疏生，先端長尖，全緣，上緣不分裂下緣深裂達中脈，裂片線形或鐮形。孢子囊群線連續排於葉緣，具線形孢子囊蓋。

效用

止血、生肌、解毒、消腫之效。治吐血、外傷出血、疔瘡、跌打傷、目赤腫痛。

方例

- 治吐血：鮮半邊旗、扁柏各20-40公克搗汁沖飲。
- 治跌打傷、蛇傷：鮮葉與駁骨丹、骨碎補搗敷。
- 止血：鮮品搗敷或與功勞木、爵床乾粉撒傷處。
- 治頭痛：半邊旗、石菖蒲、決明子各12公克煎服。

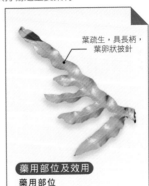

葉疏生，具長柄，
葉卵狀披針

藥用部位及效用

藥用部位

全草

效用

止血、生肌、解毒、消腫之效。治吐血、外傷出血、疔瘡、跌打傷、目赤腫痛。

採收期　　　　　保存　採集地　　栽培環境與部位

1	2	3	4	5	6
7	8	9	10	11	12

A

20
25

鵝掌金星蕨 *Crypsinus hastatus* (Thunb.) Copel.

科 名	水龍骨科（Polypodiaceae）	藥 材 名	鵝掌金星草、七星草
屬 名	茀蕨屬	別 名	七星草、鴨腳把、七星丹、鴨腳香、三葉茀蕨

▲ 山野陰濕地或樹幹上附生之蕨類，葉片常三裂，猶如鵝掌。
　加上葉背黃色的孢子，正是本植物的特徵。

形態

多年生常綠蕨類，根狀莖細長，橫走，密被黑褐色鱗片。葉數枚生自根際，無毛，葉片長6-10公克，單葉或三裂，偶為五裂，基部圓形，裂片線狀披針形，先端漸尖，全緣，唯於側脈間具一細缺刻。孢子囊群圓形，單行，靠近葉背中脈著生。

效用

具解熱、消腫之效。治癧腫、結核、淋病、痢疾、丹毒、風濕病等。

方例

- 治淋病、痢疾、風濕：全草40-75公克，水煎服。
- 治小便赤澀、淋病：七星草、筆仔草、車前草各20公克，水煎服。
- 治癧腫：與爵床、四米草等鮮草搗敷患處。

葉片單葉或三裂，偶為五裂

藥用部位及效用

藥用部位

全草

效用

具解熱、消腫之效。治癧腫、結核、淋病、痢疾、丹毒、風濕病等。

採收期

| 1 | 2 | 3 | 4 | 5 | 6 |
| 7 | 8 | 9 | 10 | 11 | 12 |

保存

採集地

栽培環境與部位

47

槲蕨 *Drynaria fortunei* (Kuntze) J. Smith.

科 名	水龍骨科（Polypodiaceae）	藥 材 名	骨碎補
屬 名	槲蕨屬	別 名	骨碎補、石岩薑、申薑、毛姜、猴姜

▲ 樹幹或岩石附生之槲蕨。

多年生草本蕨類，常見於山野，樹幹或岩石上附生。骨碎補之正品藥材，其主成分為柚皮苷（Naringin）為促進骨骼之發育及癒合，並為骨折、跌打損傷之要藥，更有改善骨質疏鬆症之作用。

形態

多年生草本，根莖肥厚多肉，外被有鋸齒之鱗片葉。葉平滑無毛，羽片長6.5cm，寬1.6cm，葉柄基部具赤褐色枯葉狀之根生葉，其葉無柄。孢子囊群圓形，著生於葉片上部背面，排列網脈內，無苞膜。

效用

根莖補腎、活血、止痛之效。治腰膝酸痛、跌打傷、瘀血作痛、腎虛久瀉、耳鳴、齒痛等。為骨碎補之正品。

採收期　　　　　　　保存　　採集地　　　　栽培環境與部位

1	2	3	4	5	6
7	8	9	10	11	12

▲ 枯葉狀之根生葉。

▲ 根生葉褐色。

▲ 孢子囊群圓形。

方例

- 治風濕身痛：根莖浸酒服。
- 祛風、治腎虛：骨碎補20-40公克、黃金桂、小金英、過山香、倒地麻各10公克，燉赤肉服。
- 祛風、治跌打傷、腰扭傷：骨碎補20-40公克、龍骨10公克、續斷16公克，半酒水煎服。
- 治風濕病：骨碎補20公克，續斷、松節、風藤、狗脊、棺梧根各10公克，加酒燉排骨服。

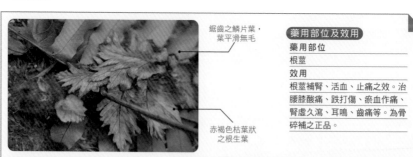

鋸齒之鱗片葉，
葉平滑無毛

赤褐色枯葉狀
之根生葉

藥用部位及效用

藥用部位
根莖
效用
根莖補腎、活血、止痛之效。治腰膝酸痛、跌打傷、瘀血作痛、腎虛久瀉、耳鳴、齒痛等。為骨碎補之正品。

49

伏石蕨 *Lemmaphyllum microphyllum* Presl

科 名	水龍骨科（Polypodiaceae）	藥 材 名	螺厴草、瓜子草
屬 名	伏石蕨屬	別 名	螺厴草、抱樹蓮、瓜子草、鏡面草

▲ 伏石蕨葉二型營養葉及孢子葉。

因常見附生在山野岩石或樹幹上而得名。略圓形的營養葉猶如瓜子，光滑如鏡面，俗稱瓜子草、鏡面草。

形態

多年生蔓性蕨類。根狀莖絲狀橫走，附生，疏被暗褐色鱗片；具鬚根。葉二型，營養葉圓形或橢圓形，長1-2cm，寬0.6-1.5cm，革質而厚，無毛全緣，先端鈍圓，基部圓形；孢子葉廣線形（舌狀），乃至狹倒披針形，長1-3cm，寬0.3-0.4cm，先端鈍圓，基部具細柄，長1-3cm。孢子囊群線形，黃褐色，著生於中肋之兩側，各1條。

效用

消炎、解熱、利尿、止瀉之效。治淋病、痢疾、癭腫。外用治關節炎、瘡疥。

採收期　　　　　　保存　　採集地　　栽培環境與部位

▲ 孢子葉廣線形，葉背具孢子，營養葉呈橢圓形。

方例

- 解熱：全草煎服。
- 治淋病：全草鮮品40-75公克，水煎服。
- 治陽痿：瓜子草40公克，半酒水煎服。
- 治關節炎：瓜子草20-40公克、蒼耳子、萬年松各10公克，半酒水煎服，並加酒煎汁洗患處。
- 治瘡癧：瓜子草搗敷患處。

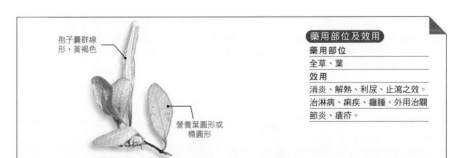

孢子囊群線形，黃褐色

營養葉圓形或橢圓形

藥用部位及效用

藥用部位

全草、葉

效用

消炎、解熱、利尿、止瀉之效。治淋病、痢疾、癰腫。外用治關節炎、瘡疥。

崖薑蕨 *Pseudodrybaria coronans* (Wall.) Ching

科 名	水龍骨科（Polypodiaceae）	藥 材 名	崖薑、（大）骨碎補
屬 名	崖薑蕨屬	別 名	岩薑、骨碎補、崖薑、假猴薑、穿石劍

▲ 附生於樹幹或岩石上之崖薑蕨。

附生於樹幹或岩石上之蕨類。根莖是骨碎補藥材來源之一，治跌打傷、骨折、祛風濕之藥材。

形態

多年生附生草本植物，高30-50cm，根莖肉質粗壯，長而橫走，呈扁平扭曲之長條狀，密被棕褐色鱗片，葉片高大，厚紙質，長橢圓形，長30-50cm，寬10-20cm，基部漸寬下延，呈葫蘆形，中部以上深羽裂，裂片互生，葉脈粗而凸出，孢子囊群略圓形，著生葉片背面。

效用

根莖，祛風濕、舒筋絡。治風濕痛、骨折、助骨骼生長發育。外用治跌打傷、骨折、中耳炎等。

採收期　保存　採集地　栽培環境與部位

1	2	3	4	5	6
7	8	9	10	11	12

A

▲ 葉基呈葫蘆形是特徵。

方例

- 治風濕痛：崖薑 20-40公克、血 藤、威靈仙各10 公克，浸酒服。
- 治風濕痛、腎 虛：崖薑20公 克、山藥、熟地 黃、黃金桂、枸 杞子、小金英、 山苧麻各10公 克，水煎服。
- 骨折助骨骼生 長：骨碎補、山 藥各20-40公 克，燉瘦肉服。

▲ 根莖粗壯，密披褐色鱗片。

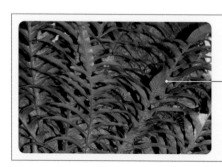

葉片高大，長橢圓 形，基部呈葫蘆形

藥用部位及效用
藥用部位
根莖
效用
根莖，祛風濕、舒筋絡。治風濕痛、骨折、助骨骼生長發育。外用治跌打傷、骨折、中耳炎等。

53

腎蕨 *Nephrolepis auriculata* (L.) Trimen

科 名	蓧蕨科（Oleandraceae）	藥 材 名	球蕨、鐵雞蛋
屬 名	腎蕨屬	別 名	球蕨、鐵雞蛋、鳳凰蛋

▲ 根下有塊莖呈橢圓形而得名。為解熱、解毒之要藥。

形態

多年生草木，根下有塊莖呈橢圓形，肉質。葉叢生，直立，柄密生赤褐色毛狀鱗片。葉片羽狀複葉，光滑無毛，羽片多數，呈覆瓦狀排列，微具鈍鋸齒。孢子囊群位於羽片兩緣之細脈先端，腎臟形，具苞膜。

效用

塊莖有解熱、解毒之效，治淋巴結核、瘡癤、癰腫等。

方例

- 治淋巴結核：塊莖10枚，水煎服。
- 治瘡癤、瘡毒：以塊莖10-12枚，水煎服。
- 清涼解毒：塊莖10枚，燉赤肉服。
- 治瘡癤：塊莖、金針根各20-40公克，半酒水燉赤肉服。
- 治癰腫：塊莖鮮品搗敷患處。

孢子囊群位於羽片兩緣之細脈先端，腎臟形，具苞膜。

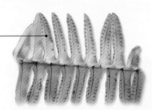

藥用部位及效用

藥用部位
塊莖

效用
塊莖有解熱、解毒之效，治淋巴結核、瘡癤、癰腫等。

採收期
| 1 | 2 | 3 | 4 | 5 | 6 |
| 7 | 8 | 9 | 10 | 11 | 12 |

保存
A

採集地

栽培環境與部位

海州骨碎補 *Davallia mariessii Moore ex Bak.*

科 名	骨碎補科（Davalliaceae）	藥 材 名	骨碎補
屬 名	骨碎補屬	別 名	骨碎補、猴薑

▲ 多附生於樹幹或岩石上，根莖密生褐色鱗毛是其特徵。為骨碎補藥材之一。

形態

山野岩石或樹上之宿根草本。根莖細長似薑，密生淡褐色線狀披針形鱗毛，葉有長柄，三回羽狀分裂，最下羽片最長，裂片細碎。葉背裂片之先端各著生孢子囊群一枚，褐色，被以苞膜。

效用

效同骨碎補。活血、止痛、補腎之效。治腰膝痠痛、跌打傷、瘀血作痛等。

方例

• 治風濕、腰膝痠痛：根莖浸酒服。
• 祛風、治腎虛：骨碎補20-40公克、黃金桂、小金英、過山香、倒地麻各10公克，燉赤肉服。
• 祛風、治跌打傷，腰閃：骨碎補20-40公克，續斷、赤芍藥、尖尾風各10公克，半酒水煎服。
• 治風濕病：骨碎補20公克，續斷、赤芍藥、風藤、松節、楠梧根各10公克，加酒燉排骨服。

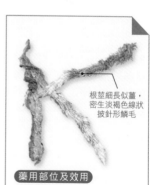

根莖細長似薑，密生淡褐色線狀披針形鱗毛

藥用部位及效用

藥用部位

根莖

效用

效同骨碎補。活血、止痛、補腎之效。治腰膝痠痛、跌打傷、瘀血作痛等。

採收期

保存

採集地

栽培環境與部位

槐葉蘋 *Salvinia natans* (L.) All.

科 名	槐葉蘋科（Salviniaceae）	藥 材 名	槐葉蘋、蜈蚣蘋
屬 名	槐葉蘋屬	別 名	蜈松蘋、蜈松萍、水百腳、馬萍

▲ 槐葉蘋屬於水生植物之蕨類，野生族群卻因自然環境之破壞而面臨消失的危機。

葉3枚輪生，水上2枚對生，浮水

形態

屬蕨類植物，為多年生漂浮水生草本，莖細長，無根。葉3枚輪生，水上2枚對生，浮水，綠色，卵狀長橢圓形，長1-1.5cm，寬0.6-0.8cm，浮水葉表面具瘤狀突起。一枚沈水葉成鬚根狀，孢子囊單生，群生於沈水葉基部。

效用

全草，清熱解毒，活血止痛，治疗瘡癤腫、腮腺炎、牙痛、痔瘡、跌打傷、燒燙傷等。

方例

• 治疗瘡、癤腫：鮮品與爵床、四米草搗敷。
• 治燒燙傷：鮮品與蘆薈搗敷。

藥用部位及效用

藥用部位
全草

效用
全草，清熱解毒，活血止痛，治疗瘡癤腫、腮腺炎、牙痛、痔瘡、跌打傷、燒燙傷等。

採收期　　　　　　保存　　採集地　　栽培環境與部位

1	2	3	4	5	6
7	8	9	10	11	12

側柏 *Thuja orientalis* L.

科 名	柏科（Cupressaceae）	藥 材 名	側柏、側柏葉、扁柏
屬 名	側柏屬	別 名	側柏葉、扁柏、扁柏葉

▲ 側柏小枝扁平而有扁柏之名。

形態

常綠小喬木。小枝扁平，外被鱗狀葉。葉細小，交互對生，除頂端外緊貼著莖。著生枝先端，雄花卵圓形，雌花球形。毬果卵形，花生青熟深褐色，果鱗頂端具鉤狀小刺。

效用

苦味健胃、清涼收斂之效。

方例

- 治各種出血、帶下經痛：側柏葉20公克加酒煎服。
- 治子宮出血、小腹痛：炒芍藥20-40公克，側柏葉40-75公克，微炒，加酒煎服。
- 治吐血：側柏、蛇莓、甜珠仔草、對葉蓮與艾葉搗汁加冰糖服。或與萬年松水煎服。
- 治衂血、聲啞：側柏、生地黃、竹茹、藕節、桑白、荷葉、烏甜及黃芩各7-10公克，水煎服。

鱗狀葉細小，交互對生

藥用部位及效用

藥用部位
枝及葉

效用
苦味健胃、清涼收斂之效。治咳血、吐血、衂血、腸出血、尿血、子宮出血及赤白帶下等。止血炮製以燒存性用之。

採收期

保存

採集地

栽培環境與部位

毛節白茅

Imperata cylindrica (L.) Beauv. var. *major* (Nees) C. E. Hubb. ex Hubb. & Vaugha

科 名	禾本科（Gramineae）	藥 材 名	白茅根、茅根、白茅花
屬 名	白茅屬	別 名	茅草、茅仔草、地筋

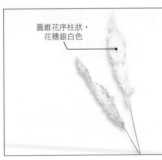
▲ 平野群生之毛節白茅，解熱利尿，也是百草茶的原料。

形態

多年生草本，根莖橫走地上，被鱗片，稈直立，具2-3節，節有毛。葉叢生基部，葉線形，先端尖，基部漸狹，花期春夏季，圓錐花序柱狀，花穗銀白色，由小花穗密生而成。穎果呈穗狀。

效用

根莖有解熱、解毒、利尿、涼血、止血之效。

方例

- 治小兒麻疹、解熱煩渴：鮮茅根、冬瓜糖、甘蔗頭水煎服。
- 治高血壓：茅根、桑葉、魚腥草各20公克，水煎服。
- 治淋病：茅根、筆仔草各20-40公克，水煎服。
- 解暑涼茶：茅根、車前草、桑葉40公克水煎當茶。
- 止血、衄血：茅根或茅花40公克、蓮藕20公克，水煎服。

圓錐花序柱狀，花穗銀白色

藥用部位及效用
藥用部位
根莖、花
效用
根莖有解熱、解毒、利尿、涼血、止血之效。根莖治熱病煩渴、衄血、腎臟病水腫、膀胱或尿道炎、小便不利、黃疸、腎炎、肝炎等。花有止血、止痛之效。治吐血、衄血、創傷等。

採收期　　保存　採集地　栽培環境與部位

| 1 | 2 | 3 | 4 | 5 | 6 |
| 7 | 8 | 9 | 10 | 11 | 12 |

薏苡 *Coix lacryma-jobi* L.

科 名	禾本科（Gramineae）	藥 材 名	薏苡仁
屬 名	薏苡屬	別 名	薏苡仁、苡仁、白薏仁

▲ 薏苡為單子葉草本植物，果實當食材或藥用，開脾健胃並治
腳氣水腫的好藥材。

形態

一年生草本，葉披針形，先端漸尖，葉鞘無毛。總狀
花序1至數個，由葉鞘抽出。雄性小穗生於穗軸的每
節上，每一雄花具4苞片，雄蕊3枚，子房退化。雌
性小穗由3朵雌花而成，僅1朵有孕性，2朵不孕性而
退化，子房卵形。穎果卵圓形，秋末果熟。

效用

健胃、營養強壯、利尿之效。治腳氣、風濕、筋急拘
攣、胃癌、疣贅等。

方例

• 治水腫、風濕關節炎：薏苡仁40-75公克水煎服。
• 治面皰：薏苡仁、金銀花各20公克，水煎服。
• 治胃癌：薏苡仁、紫藤瘤、菱角、訶子水煎服。

總狀花序1至數個，
由葉鞘抽出。

藥用部位及效用

藥用部位
種子
效用
健胃、營養強壯、利尿之效。治
腳氣、風濕、筋急拘攣、胃癌、
疣贅等。

採收期　保存　採集地　栽培環境與部位

59

莎草 *Cyperus rotundus* L.

科 名	莎草科（Cyperaceae）	藥 材 名	香附子、香附
屬 名	莎草屬	別 名	香附、大香附、土香（臺）、水香稜、地藾草

▲ 平野常見群生之莎草。

地下莖貯存豐富澱粉，類白色有香味，而得名香附。莎草香附子之名載於《名醫別錄》；唐《新修本草》又有雀頭香之名；《圖經本草》另有水香稜、水巴戟、水莎、莎結、續根草等名；民間俗稱土香。

形態

多年生草本，地下生匍匐莖。葉叢生於根際，三面排列，葉片線形。春夏抽總狀穗狀花序，繖狀，頂生，小穗線形，鱗片呈暗紅色，花20-40朵疏生，每鱗片內著生花1朵，兩性，無花被，雄蕊3枚，雌蕊1枚。蒴果三稜形，暗褐色。

採收期　　　保存　　採集地　　栽培環境與部位

▲ 總狀花序繖狀頂生。

效用

為婦科要藥，芳香健胃，調經鎮靜，鎮痙之效。治腹痛、月經痛、月經不調、慢性子宮炎、月經困難及胎前產後諸症。

方例

- 治經痛：香附、良薑及益母草各12公克，加酒煎服。
- 調經、散鬱：香附子、益母草及藿香各10公克，加酒煎服。
- 治輸卵管閉塞：製香附、廣木香各10公克，水煎服。

根莖為香附子藥材

藥用部位及效用

藥用部位

根莖

效用

為婦科要藥，芳香健胃，調經鎮靜，鎮痙之效。治腹痛、月經痛、月經不調、慢性子宮炎、月經困難及胎前產後諸症。

石菖蒲 *Acorus gramineus* Soland.

科 名	天南星科（Araceae）	藥 材 名	石菖蒲、菖蒲
屬 名	菖蒲屬	別 名	堯韭、昌陽、石菖、鐵蘭

▲ 溪畔或岩石上常見附生。根莖平臥而多節。本草典籍以一寸九節來形容其節多而密，有九節菖蒲之名。

形態

多年生草本。根莖平臥，具多節。葉深綠色，劍狀線形，無中肋，具光澤，平滑。春夏開花，花莖高10-30cm，佛焰花序，花密生，黃綠色，花被裂片倒卵形，雄蕊狹線形。漿果。

效用

清涼健胃、驅風藥，有鎮靜、鎮痛、驅蟲之效。外用治牙痛、牙齦出血，以根莖磨粉塗抹。作溫浴，治婦人腰冷症、腹痛等。

方例

- 治肝病、耳鼻疾患：全草或根莖20-40公克，水煎服。
- 治淋病：石菖蒲及烏藥各5公克、萆薢15公克、益智7公克、甘草4公克，水煎服。
- 治蛇傷：鮮石菖蒲75-150公克，半酒水煎服。並取60公克搗敷患處。
- 治牙痛：以根莖磨粉塗抹，可治牙痛及牙齦出血。

藥用部位及效用	
藥用部位	
根莖	
效用	
清涼健胃、驅風藥，有鎮靜、鎮痛、驅蟲之效。外用治牙痛、牙齦出血，以根莖磨粉塗抹。作溫浴，治婦人腰冷症、腹痛。	

根莖平臥，具多節

採收期	保存	採集地	栽培環境與部位

水菖蒲 *Acorus calamus* L.

科名	天南星科（Araceae）	藥材名	菖蒲、白昌蒲
屬名	菖蒲屬	別名	菖蒲、香蒲、白昌蒲

▲ 水澤處多見群生。

形態

多年生草本，根莖粗大。葉生自根莖，線形劍狀，兩面中肋降起。肉穗花序，花被6枚，雄蕊6枚，雌花柱頭單一。

效用

根莖，祛風濕、止痛、祛痰、消腫痛。治風濕痛、咳嗽、痢疾。外用治腫毒疔瘡。

方例

- 祛風濕：根莖與三葉五加、杜虹花（白粗糠）、蒼耳子、陳皮各12公克，加酒煎服。
- 治腫毒、疔瘡：鮮根莖與金銀花、爵床、四米草各適量，搗敷。

根莖粗大

藥用部位及效用

藥用部位
根莖

效用
根莖，祛風濕、止痛、祛痰、消腫痛。治風濕痛、咳嗽、痢疾。外用治腫毒疔瘡。

採收期

1	2	3	4	5	6
7	8	9	10	11	12

保存

採集地

栽培環境與部位

63

由拔 *Arisaema ringens* (Thunb.) Schott

科 名	天南星科（Araceae）	藥 材 名	油拔
屬 名	天南星屬	別 名	申拔、由拔、小南星

▲ 山野多見之油拔。

形態

多年生草本，地下塊莖扁球形。葉三出複葉，2枚，頂小葉卵狀橢圓形，兩側小葉歪卵形，全緣。雌雄異花同株，佛焰苞被白色條紋，苞筒圓筒形，先端卷曲，花序軸下部雌花，上部雄花。漿果紅熟。

效用

塊莖，燥濕化痰、袪風、消腫。治咳嗽痰多、喉痛、癰腫、跌打傷。外敷蛇蟲傷。本品有毒用量宜慎。

方例

• 治咳嗽痰多：塊莖、桑白皮、麥門冬、陳皮各10公克，水煎服。

• 治癰腫、跌打傷：塊莖與爵床、金銀花、四米草、駁骨丹等鮮品各10公克，搗敷患部。

佛焰苞外被白色條紋，花序軸下部雌花，上部雄花。

藥用部位及效用

藥用部位
塊莖
效用
塊莖，燥濕化痰，袪風、消腫。治咳嗽痰多、喉痛。癰腫，跌打傷，外敷蛇蟲傷。有毒。

採收期　　　　　保存　　　採集地　　栽培環境與部位

土半夏 *Typhonium divaricatum* (L.) Decne.

科 名	天南星科（Araceae）	藥 材 名	犁頭草、土半夏
屬 名	土半夏屬	別 名	犁頭草、生半夏

▲ 常見於原野、路旁、林蔭濕處。葉呈廣心狀箭形，似犁田用之犁，而有犁頭草之名；又因其塊莖近球形如半夏藥材，但非半夏之正品，故稱土半夏。

形態

多年生草本。球莖長橢圓形。葉生自根際，廣心狀箭形或戟形，略3裂，銳尖。佛焰花，生自根際，苞筒部狹卵形，退化中性花線形，花單性，無花被，雄花具雄蕊3枚，花絲甚短；雌花具雌蕊1枚，子房1室。漿果甚小。

效用

治咳嗽、祛痰，搗敷蛇傷、乳癰、癤腫、皮膚癢等。本品有毒，用量宜慎。

方例

- 治瘡毒、蛇傷：土半夏和醋煎汁洗並搗敷患處。
- 治瘭疽指甲邊疔：鮮品土半夏搗敷患處。
- 祛痰、止咳：土半夏10-20公克切片，炒酒或醋水煎服。

廣心狀箭形或戟形，略3裂，銳尖

藥用部位及效用

藥用部位
球莖

效用
治咳嗽、祛痰，搗敷蛇傷、乳癰、癤腫、皮膚癢等。本品有毒，用量宜慎。

採收期

保存

採集地

栽培環境與部位

臺灣天南星 *Arisaema formosanum* Hayata

科　名	天南星科（Araceae）	藥 材 名	天南星、本天南星
屬　名	天南星屬	別　名	本天南星、台灣天南星

▲ 水澤處多見群生。

形態

多年生草本，根莖扁球形。假莖淡綠色，偶被紫褐色斑點。葉為放射狀複葉，1枚，小葉7-11枚，狹披針形，葉尖銳尖具尾狀線形。莖萌發紫褐色花，雌雄異花同株，佛焰苞淡綠色，外具白色條紋，內具淡紫色條紋，花序上部雄花，下部雌花。果實漿果球形，熟紅色。

效用

塊莖，有毒（炮製後使用）。燥濕化痰、祛風、消腫、散結、鎮痛、鎮痙。

採收期　　　　　保存　　採集地　　栽培環境與部位

▲ 葉為放射狀複葉，1枚，小葉7-11枚，狹披針形。

方例

- 治關節痛：天南星（炮製）4公克、香附子、威靈仙、牛膝、車前子、陳皮各10公克，水煎服。
- 祛痰：天南星（薑製）4公克、麥門冬、桑白皮、陳皮各10公克，水煎服。

▲ 比較種：天南星，葉端無尖銳墜垂。

果實漿果球形，熟紅色

藥用部位及效用

藥用部分

塊莖

效用

治咳嗽痰多、喉痛、癰腫、跌倒痛。

蚌蘭 *Rhoeo spathacea* (Sw.) Stearn

科 名	鴨跖草科（Commelinaceae）	藥 材 名	蚌蘭、紅三七
屬 名	蚌蘭屬	別 名	紫背鴨跖草、紫萬年青、紅三七、紅川七

▲ 多年生草本之蚌蘭。

普遍栽植於居家空地或庭院，供觀賞或藥用。於《嶺南采藥錄》記載：「花形如蚌而小，紫紅色。」因其花外有兩大紫色苞片相合，酷似蚌形而得名。

形態
多年生草本，高約30cm，全株肉質。葉大呈披針形，互生，基部鞘狀，背面紫紅色。春季開花，纖形花序腋生，具短梗，包於大形紫色之船形萼狀苞內，小花白色，花瓣3片。果球形。

效用
涼血、潤肺、祛傷、解鬱之效。治感冒、跌打傷、吐血、鬱血、瘀血、肺炎。搗敷外傷、腫毒。

採收期　　　　　保存　　採集地　　栽培環境與部位

1	2	3	4	5	6
7	8	9	10	11	12

A

▲ 繖形花序腋生。

▲ 花外兩大紫色花苞片。

方例

- 治外傷瘀血凝滯或吐血：紅三七、製入骨丹、川芎各12公克，半酒水燉赤肉服。
- 治吐血：紅三七鮮葉40公克，搗汁加蜜或燉赤肉服。
- 治感冒、咳嗽：紅三七、雞屎藤各20-40公克燉赤肉服，或與紅田烏、黃花蜜菜、魚腥草各20公克搗汁，加蜜服，或水煎服。
- 治外傷、腫痛：紅三七20-40公克水煎服，或搗敷患處。
- 治衄血：紅三七、蓮藕、茅根各20公克，水煎服。

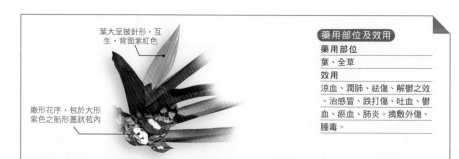

葉大呈披針形，互生，背面紫紅色

繖形花序，包於大形紫色之船形蓖狀苞內

藥用部位及效用
藥用部位
葉、全草
效用
涼血、潤肺、祛傷、解鬱之效。治感冒、跌打傷、吐血、鬱血、瘀血、肺炎。搗敷外傷、腫毒。

鴨跖草 *Commelina communis* L.

科 名	鴨跖草科（Commelinaceae）	藥材名	鴨跖草、水竹仔菜
屬 名	鴨跖草屬	別 名	雞舌草、碧竹草、藍姑草、竹葉菜、水節菜

▲ 濕潤地多見群生之，葉如小竹葉，花朵深藍色。

形態
一年生草本。葉互生，鞘柄抱莖，葉卵狀披針形，先端短尖。夏季盛花期，總狀花序，深藍色，著生於叉狀花序柄上苞片內。苞片心狀卵形。蒴果橢圓形。

效用
利水、清熱、潤肺、涼血解毒之效。治水腫、腎炎水腫、小便不利、感冒、咽喉腫痛、流鼻血、疔瘡、跌打傷等。

方例
• 治小便不利：鴨跖草、車前草各20公克水煎服。
• 治喉腫痛：鮮品40公克，水煎服或搗汁點之。
• 治黃疸性肝炎：鴨跖草40-75公克、赤肉燉服。
• 治水腫、腹水：鮮品20-75公克，水煎服。
• 治感冒：全草20-40公克，水煎服。

總狀花序，深藍色，苞片心狀卵形

葉卵狀披針形，先端短尖

藥用部位及效用

藥用部位
全草

效用
利水、清熱、潤肺、涼血解毒之效。治水腫、腎炎水腫、小便不利、感冒、咽喉腫痛、流鼻血、疔瘡、跌打傷等。

採收期　　保存　　採集地　　栽培環境與部位

紅葉鴨跖草 *Setcreasea purpurea* Boom

科 名	鴨跖草科（Commelinaceae）	藥 材 名	紫錦草
屬 名	紫錦草屬	別 名	紫錦草

▲ 普遍栽植供觀賞或藥用。

形態

多年生草本，全株呈紫紅色。葉互生，葉片狹披針形，肉質，全緣具葉鞘，抱莖。淡紫紅色花，頂生或腋生，花瓣3片，雄蕊6枚，子房上位。蒴果。

效用

治吐血、瘀血、丹毒、火傷、疔疽、腫毒、肺炎、肝炎等。

方例

- 治疔疽、腫毒：紅葉鴨跖草、野菰、金銀花等鮮品適量，與紅糖共搗敷患部。
- 治肺炎：紅葉鴨跖草、白鳳菜、馬蹄金、蚶殼草、一葉草等鮮品各8公克，搗汁調蜜飲。
- 治火傷：紅葉鴨跖草、一葉草，共搗敷傷部。

花，淡紅色或淡紫紅色花，頂生或腋生

藥用部位及效用

藥用部位
全草

效用
治吐血、瘀血、丹毒、火傷、疔疽、腫毒、肺炎、肝炎等。

採收期 　保存 　採集地 　栽培環境與部位

71

燈心草 *Juncus effusus* L. var. *decipiens* Buchen.

科 名	燈心草科（Juncaceae）	藥 材 名	燈心草
屬 名	燈心草屬	別 名	燈芯草、碧玉草、水燈心、赤鬚等

▲ 燈心草於濕地水澤處叢生。

形態

多年生草本，叢生，莖圓柱狀，具縱紋，基部具鞘葉。花期4至10月，複聚繖花序，假側生，由多數小花成簇，淡綠色，具短柄，花被6枚。蒴果。

效用

治水腫、小便不利、淋病、濕熱、黃疸、心煩不眠、喉痹。根治五淋。

方例

- 治水腫：鮮品40公克，水煎服。
- 治腎炎水腫：與地膽草各20公克，水煎服。
- 黃疸：燈心草、北茵陳、梔子各12公克，水煎服。或與枸杞根、陰行草20公克，水煎調糖服。
- 治乳癰：燈心草20-40公克、紫根10公克，半酒水煎服。
- 治濕熱、黃疸：根20-40公克，茵陳蒿、山梔子各12公克，半酒水煎服。

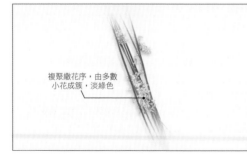

複聚繖花序，由多數小花成簇，淡綠色

藥用部位及效用
藥用部位
莖髓
效用
治水腫、小便不利、淋病、濕熱、黃疸、心煩不眠、喉痹。根治五淋。

採收期

保存 　採集地 　栽培環境與部位

百部 *Stemona tuberosa* Lour.

科 名	百部科（Stemonaceae）	藥 材 名	百部
屬 名	百部屬	別 名	對葉百部、百條根、野天門冬、嗽藥

▲ 攀緣性藤本，塊根多數簇生。

形態

多年生攀緣性藤本。塊根多數簇生，肉質，紡錘形。葉對生或互生，葉片廣卵形，基部淺心形，先端漸尖，全緣。花腋生，1-2朵，具長梗，小苞片1枚，花被4片，披針形，黃綠色。蒴果倒卵形略扁。種子橢圓形。

效用

治咳嗽、百日咳、支氣管炎、肺結核、阿米巴痢疾、濕疹、蕁麻疹、蛔蟲、蟯蟲等。

方例

• 治咳嗽哮喘：百部、桑白皮、知母、天冬各8公克，杏仁、麻黃、枇杷、郁李仁、蘇子、葶藶子、枳實、甘草各4公克，水煎服。

• 治咳嗽、支氣管炎：百部配麻黃、紫菀、麥冬、白果、黃芩各8公克、甘草4公克，水煎服。

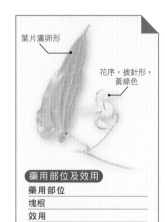

葉片廣卵形

花序，披針形，黃綠色

藥用部位及效用

藥用部位
塊根

效用
治咳嗽、百日咳、支氣管炎、肺結核、阿米巴痢疾、濕疹、蕁麻疹、蛔蟲、蟯蟲等。

採收期　　　　保存　　採集地　栽培環境與部位

天門冬 *Asparagus cochinchinensis* (Lour.) Merr.

科 名	百合科（Liliaceae）	藥材名	天門冬
屬 名	天門冬屬	別 名	天冬、天文冬、天蘩冬

▲ 天門冬漿果球形紅熟。

常用中藥之一，與麥門冬同為止咳祛痰之要藥。《本草綱目》記載，草之茂者為蘩，俗作門。此草蔓茂，而功同麥門冬。故名為天蘩冬或天門冬。

形態
多年生蔓性草本，根呈紡錘狀塊根，莖堅韌，節處具刺。葉片細鱗狀，長約2.5cm，由葉腋生出扁平之葉狀枝1-3枚，綠色，尖銳而略彎曲。春至夏季開白色小花，生於葉腋，1-4朵，花被6枚，雄蕊6枚。漿果球形，灰白或粉紅，種子1粒。

效用
鎮咳、利尿、解熱、強壯藥。治虛勞咳嗽、乾咳喀血、咽喉腫痛、消渴、便秘、肺癰、痛風、水腫等。

採收期　　　　　保存　　採集地　　栽培環境與部位

1	2	3	4	5	6
7	8	9	10	11	12

B

20〜30

▲ 漿果球形紅熟。

百合科

▲ 根呈紡錘狀塊根。

方例

- 治咳嗽：人參、天門冬、麥門冬、桑白皮各10-20公克，水煎服。
- 治喀血：天門冬、甘草、杏仁、貝母、茯苓、阿膠各15公克，水煎服。
- 治夢遺精：天冬、熟地黃、人參、黃蘗、砂仁各10-20公克，甘草5公克，水煎服。

天門冬藥材

藥用部位及效用

藥用部位

塊根

效用

鎮咳、利尿、解熱、強壯藥。治虛勞咳嗽、乾咳喀血、咽喉腫痛、消渴、便秘、肺癰、痛風、水腫等。

75

萱草 *Hemerocallis fulva* (L.) L.

科 名	百合科（Liliaceae）	藥 材 名	萱草根、金針根、金針花
屬 名	萱草屬	別 名	金針菜、金針

▲ 萱草花大黃赤色鐘狀。

形態

多年生草本。葉線形，下部互相重疊。花期夏秋，花莖圓柱形，黃赤色，具香味，花被漏斗狀至鐘狀，6裂；雄蕊6枚，花絲線狀，花藥丁字形著生。蒴果三角圓柱形。

效用

利尿、止血、消腫之效。治血吸蟲病、乳癰、黃疸、結石病、肝病等。根有小毒宜慎。

方例

• 治乳腺炎、乳癰腫：萱草根、蒲公英各10公克，水煎服。
• 治黃疸：根鮮品、茵陳、梔子各10公克，燉雞服。
• 治慢性肝炎：金針花、茵陳、葉下珠、扛香藤各10公克，水煎服。

花黃赤色，花被漏斗狀至鐘狀

蒴果三角狀圓柱形

藥用部位及效用

藥用部位

根、花

效用

利尿、止血、消腫之效。治血吸蟲病、乳癰、黃疸、結石病、肝病等。根有小毒宜慎。

採收期 保存 採集地  栽培環境與部位

臺灣百合 *Lilium formosanum* Wall.

科 名	百合科（Liliaceae）	藥材名	本百合、本馬兜鈴、本紫苑
屬 名	百合屬	別 名	山百合、山蒜頭、土百合、本百合

▲ 山野自生之臺灣野百合為臺灣特有品種。

形態
多年生草本，地下有鱗莖，白黃色。葉互生，狹線形。4至5月開花，狹漏斗狀，花冠外具棕色線紋，具芳香。蒴果，種子多數。

效用
鱗莖有潤肺止咳、清熱安神、利尿之效，為滋養強壯、鎮咳祛痰藥。

方例
• 治肺炎、水腫、咳嗽：鱗莖20公克，水煎服。
• 止熱咳：本百合（鱗莖）、麥門冬、天門冬、藕節、淡竹葉各12公克，桑葉、枇杷葉、側柏葉各8公克，薄荷、白菊各4公克，水煎服。
• 治腫毒癰瘡：鱗莖搗敷患處。
• 治肺燥乾咳無痰：本百合、西瓜皮、蘆根各20公克，芝麻糊、桑葉、紅竹仔菜、百合子（本馬兜鈴）各10公克，水煎服。

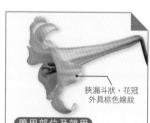

狹漏斗狀，花冠外具棕色線紋

藥用部位及效用

藥用部位
鱗莖、種子、根

效用
鱗莖有潤肺止咳、清熱安神、利尿之效，為滋養強壯、鎮咳祛痰藥。種子為馬兜鈴之代用品（稱本馬兜鈴），有固肺、鎮咳、祛痰之效，治熱咳、咽喉炎、百日咳、痔疾。根充紫苑用，治熱咳、咽喉炎等。

採收期

保存　　B D

採集地

栽培環境與部位

麥門冬 *Liriope spicata* Lou.

科 名	百合科（Liliaceae）	藥 材 名	山麥冬、麥門冬、麥冬
屬 名	小麥門冬屬	別 名	麥冬、大葉麥門冬、麥文冬

▲ 麥門冬葉叢生，淡紫色花呈總狀花序。

形態

多年生草本。根紡錘形。葉叢生，披針形，鈍頭，基部漸細，平行脈。初秋開淡紫色花，總狀花序，花叢生成束。蒴果球形，熟紫黑色。

效用

清心除煩、生津解渴、潤肺止咳之效。治肺燥乾咳、肺癰、虛勞咳血、咽喉乾渴、便秘等。

方例

- 治肺病、咳嗽無痰：麥門冬、天門冬、本百合、金線蓮、竹節黃、淡竹葉各12公克水煎服。
- 治衄血：麥門冬、生地黃各20公克，水煎服。
- 治感冒、支氣管炎、祛痰、氣喘：麥門冬20公克、半夏10公克，人參、大棗各6公克，甘草各4公克，水煎服。

藥用部位及效用

藥用部位
塊根
效用
清心除煩、生津解渴、潤肺止咳之效。治肺燥乾咳、肺癰、虛勞咳血、咽喉乾渴、便秘等。

採收期　　　　　　保存　　採集地　　　栽培環境與部位

1	2	3	4	5	6
7	8	9	10	11	12

B　　20/25

七葉一枝花 *Paris polyphylla* Smith

科 名	百合科（Liliaceae）	藥材名	蚤休、七葉蓮
屬 名	七葉一枝花屬	別 名	蚤休、七葉蓮

▲ 山野自生之多年生宿根性草本。

形態

多年生宿根性草本。根莖肥厚結節，黃褐色，具鬚根。莖單一直立，常帶紫紅色。葉片輪生莖頂，5-10片，長橢圓形，先端尖，全緣。夏、秋間開花，單生頂端，花被金黃色，外被片葉狀4-8片，內被片線形。蒴果球形；種子鮮紅色。

效用

清熱解毒、平喘鎮咳、止痛之效。治癰腫、疔瘡、瘰癧、喉痹、慢性氣管炎、癌症、蟲蛇咬傷等。有小毒用量宜慎。外用搗敷或研末塗敷。

方例

- 治食道癌、胃癌、腸癌、肺癌：七葉蓮根4公克、夏枯草、番杏、山豆根各10-20公克，水煎服。
- 治乳汁少：七葉蓮4公克、蒲公英10公克，水煎服。
- 治疔瘡：取根莖，研末塗患處。

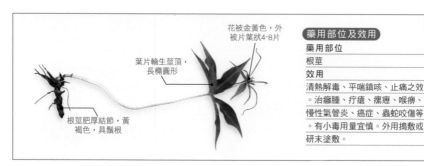

花被金黃色，外被片葉狀4-8片

葉片輪生莖頂，長橢圓形

根莖肥厚結節，黃褐色，具鬚根

藥用部位及效用

藥用部位
根莖

效用
清熱解毒、平喘鎮咳、止痛之效。治癰腫、疔瘡、瘰癧、喉痹、慢性氣管炎、癌症、蟲蛇咬傷等。有小毒用量宜慎。外用搗敷或研末塗敷。

採收期

1	2	3	4	5	6
7	8	9	10	11	12

保存 採集地 栽培環境與部位

臺灣油點草 *Tricyrtis formosana* Baker

科 名	百合科（Liliaceae）	藥 材 名	竹葉草、溪蕉
屬 名	油點草屬	別 名	竹葉草、石溪蕉、溪樵、金石松、石水蓮

▲ 山野陰濕地群生。

形態

多年生草本，莖及葉背具毛。葉形似竹葉，基部下延而抱莖，主脈9條，全緣。總狀花序，紫紅色，花瓣紅色而具紫色斑點，花被及雄蕊均為6枚；雄蕊1枚。蒴果長橢圓形，熟則3裂。

效用

消炎退腫之效，治喉痛、扁桃腺炎，外用搗敷、癰疔、腫毒。

方例

- 治喉痛、感冒利尿：全草40公克，水煎服。
- 治喉痛、扁桃腺炎：鮮品40-70公克，搗汁加冬蜜或冰糖或鹽服。或全草20-40公克，水煎服。
- 治肺熱：全草20-40公克，水煎服。
- 治跌打傷、瘀血：溪蕉、小金英各12公克、小返魂、穿山龍、雞爪癀各12公克，水煎服。

總狀花序，紫紅色，花瓣紅色而具紫色斑點

葉形似竹葉，主脈9條，全緣

藥用部位及效用

藥用部位
全草

效用
消炎退腫之效，治喉痛、扁桃腺炎，外用搗敷、癰疔、腫毒。

採收期

1	2	3	4	5	6
7	8	9	10	11	12

保存

採集地

栽培環境與部位

朱蕉 *Cordyline fruticosa* (L.) Goepp.

科 名	龍舌蘭科（Agavaceae）	藥 材 名	朱蕉葉、紅竹葉
屬 名	朱蕉屬	別 名	紅竹、朱竹、觀音竹

▲ 朱蕉可供藥用及觀賞。

形態

多年生灌木，高達3m；莖單一或分歧。葉具長柄，叢生莖頂，披針形，先端銳尖，全緣，表面綠色或具各種色斑，中肋顯明，具深凹溝。花多數集生成三角狀圓錐花序，花白色或帶黃色。漿果球形，紅熟。

效用

涼血、解熱、祛傷、解鬱之效。

方例

- 治心熱吐血、肺結核：根或葉，水煎服。或與白龍船花根合用，水煎服。
- 治癆傷吐血，咳嗽：葉20-40公克，燉赤肉服。
- 治紫斑病（皮下出血）：紅竹葉7枚，燉赤肉服。
- 治咳嗽：葉與紅三七葉各6枚，煎服。或葉與紅田烏、魚腥草、黃花蜜菜各10-20公克，水煎服。

花多數集生而成三角狀圓錐花序，花白色或帶黃色

藥用部位及效用

藥用部位
葉

效用
涼血、解熱、祛傷、解鬱之效。
治癆傷吐血、紫斑病、咳嗽。

採收期   保存   採集地   栽培環境與部位

81

黃藥子 *Dioscorea bulbifera* L.

科 名	薯蕷科（Dioscoreaceae）	藥 材 名	黃藥子、本首烏
屬 名	薯蕷屬	別 名	山芋、黃獨、本首烏、土首烏

▲ 山野自生或栽培之攀緣性草本。

形態

攀緣性草本，地下塊莖呈圓錐形，皮暗黑色，密生鬚根。莖圓柱形，光滑，略帶紫色，葉腋生球形珠芽。葉互生，心狀卵形，全緣，脈7-9條，具柄。雌雄異株，雄花為穗狀花序，花被披針形，6片，黃白色，雄蕊6枚；雌花序花瓣2枚，卵形。蒴果下垂，矩圓形，具3翅。

效用

清熱、解毒涼血。治咽喉腫痛、癰腫、疔瘡、腰酸背痛、甲狀腺腫等。

方例

- 治瘰癧：本首烏20公克，燉赤肉服。
- 治脫髮：本首烏20-40公克，半酒火燉赤肉服。
- 固腎：與白龍船花各20公克，加酒煎服。

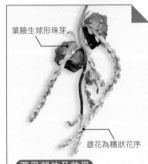

葉腋生球形珠芽

雄花為穗狀花序

藥用部位及效用

藥用部位

塊莖

效用

清熱、解毒涼血。治咽喉腫痛、癰腫、疔瘡、腰酸背痛、甲狀腺腫等。

採收期

1	2	3	4	5	6
7	8	9	10	11	12

保存　B

採集地

栽培環境與部位

山藥 *Dioscorea opposite* Thunb.

科 名	薯蕷科（Dioscoreaceae）	藥材名	山藥
屬 名	薯蕷屬	別 名	薯蕷、懷山藥

▲ 山藥原名薯蕷，始載於《神農本草經》為上品藥，因唐代宗名預，避諱改為薯藥，後宋朝改為山藥，又因中國山藥產於河南懷山，而有懷山藥之名，簡稱淮山。

形態

纏繞性草本。塊狀莖略呈圓柱形。莖帶紫紅色，直旋。單葉在莖下部互生，中部以上對生。葉片卵狀三角形，先端尖，基部深心形，葉腋處常有珠芽。花單性，雌雄異株，呈細長穗狀花序。蒴果三稜狀扁圓形，種子著生每室中軸中部，四周有膜質翅。

效用

補脾胃、補肺腎，強精氣之效。治脾虛泄瀉、久病、虛勞咳嗽、消渴遺精、婦女白帶、小便頻數。

方例

- 治胃腸虛弱：山藥20公克、茯苓、白朮、陳皮各8公克，水煎服或燉瘦肉服。
- 增強體力：山藥、刺五加、黃耆、枸杞子各10-16公克，水煎服。
- 降血糖：山藥、枸杞莖葉、咸豐草、番石榴心葉各12公克，水煎服。

葉片卵狀三角形
至廣卵形

藥用部位及效用

藥用部位

根莖（槐莖）

效用

補脾胃、肺腎，強精氣之效。治脾虛泄瀉、久病、虛勞咳嗽、消渴遺精、婦女白帶、小便頻數。

採收期　　　保存　　採集地　栽培環境與部位

射干 *Belamcanda chinensis* (L.) DC.

科 名	射干科（Iridaceae）	藥 材 名	射干
屬 名	射干屬	別 名	紅尾蝶花、尾蝶花

▲ 射干的花呈橘黃色，具暗紅色斑點。

橘黃色花瓣帶有暗紅色斑點，像長滿雀斑的可愛姑娘，而有雀斑美人之稱。射（一
ㄝˋ）干收載於《神農本草經》中，不僅可當藥用，也可栽培觀賞。因莖梗疏長，
如射之長竿之狀而得名。

形態
多年生草本。高50-150cm，莖直立，光滑。葉著生於莖之基部，二列，劍形，扁
平，基部具鞘，長25-60cm，寬2-4cm。花期夏季，總狀花序，頂生，花徑3-6cm，
花被6片，長橢圓形，呈橘黃色而具暗紅色斑點。雄蕊3枚，柱頭3裂。蒴果橢圓
形，長約3cm，熟3瓣裂；種子黑色。

效用
清熱、解毒、祛痰、散血、消腫之效。治咽喉腫痛、扁桃腺炎、解熱、祛痰，利尿
劑等。

採收期	保存	採集地	栽培環境與部位

| 1 | 2 | 3 | 4 | 5 | 6 |
| 7 | 8 | 9 | 10 | 11 | 12 |

▲ 射干的種子近球形，色黑而且具光澤。

▲ 射干藥材。

方例

- 解熱、消炎、治咽喉痛、氣管炎：根莖12-20公克，水煎服。
- 治通便、腫毒、腳氣病：根莖水煎服或鮮品搗汁服。
- 治喉痛：射干20公克、水丁香、馬蹄金、鹽酸仔草各10公克，煎冰糖服。
- 消腫退腫：射干浸酒，外擦患處。

射干根莖藥材

藥用部位及效用
藥用部位
根莖
效用
清熱、解毒、祛痰、散血、消腫之效。治咽喉腫痛、扁桃腺炎、解熱、祛痰，利尿劑等。

月桃 *Alpinia speciosa* (Wendl.) K. Schum.

科 名	薑科（Zingiberaceae）	藥 材 名	月桃子、月桃仁
屬 名	月桃屬	別 名	草蔻、玉桃、良羌、豔山紅、虎子花

▲ 月桃圓錐花序，頂生。

蒴果紅熟，球形，表面具縱溝，內含多數種子。

形態

多年生大形草本。葉互生，葉片長橢圓狀披針形，全緣，具長葉鞘。圓錐花序，頂生，常向下彎垂；花冠乳白色，管狀先端粉紅，唇瓣闊卵形，具小苞片及萼。蒴果紅熟，球形，表面具縱溝，內含多數種子。

效用

種子為芳香性健胃藥，有祛寒之效。治心腹冷痛、胸腹脹滿、痰濕積滯、消化不良、嘔吐腹瀉等。根部治跌打損傷、癰傷、腎虛腰痛、足痺等。

方例

- 治消化不良、胃冷痛：種子10-20公克，水煎服。
- 治燥濕祛寒、痰滯：月桃仁20公克加酒煎服。
- 健胃、生津止渴：月桃仁40公克，水煎代茶飲。
- 治跌打損傷：鮮根40-75公克，加酒燉赤肉服。

藥用部位及效用

藥用部位
種子、根部

效用
種子為芳香性健胃藥，有祛寒之效。治心腹冷痛、胸腹脹滿、痰濕積滯、消化不良、嘔吐腹瀉等。根部治跌打損傷、癰傷、腎虛腰痛、足痺等。

採收期	保存	採集地	栽培環境與部位

閉鞘薑 *Costus speciosus* (Koen.) Smith

科名	薑科（Zingiberaceae）	藥材名	閉鞘薑
屬名	鞘薑屬	別名	絹毛鳶尾、水蕉花、樟柳頭、白石筍

▲ 山野自生，根莖塊狀。

形態

多年生草本，葉片長圓形呈披針形，長15-20cm，寬6-7cm，全緣，葉背密生絹毛，葉鞘抱莖封閉。穗狀花序，每1苞片內具花1朵，並側生1小苞片。花冠管短而大展開，裂片橢圓形，白色或帶紅色，唇瓣卵形，白色，中心橙黃色。花萼管，紅色。雄蕊1枚，子房2-3室。蒴果球形。

效用

根莖有利水、消腫、殺菌之效。治水腫、小便白濁、小便疼痛，癰腫惡瘡等症。

方例

• 治小便白濁：取根莖20公克，燉瘦肉服。
• 癰腫惡瘡：鮮品根莖搗敷患處。

穗狀花序

葉螺旋狀排列，葉片呈披針形

藥用部位及效用	
藥用部位	
根莖	
效用	
根莖有利水、消腫、殺菌之效。治水腫、小便白濁、小便疼痛，癰腫惡瘡等症。	

採收期

保存

採集地

栽培環境與部位

莪朮 *Curcuma Zedoaria* Roscoe

科名	薑科（Zingiberaceae）	藥材名	莪朮
屬名	薑黃屬	別名	蓬莪朮、文朮

▲ 原產印度及東南亞熱帶地區，今多見栽培。為活血化瘀、抗菌、行氣止痛、消腫瘤之要藥。

形態

多年生草本植物。主根呈錐狀陀螺形，側根莖指狀。葉片4-7枚，二列，具葉鞘，葉片長橢圓形，全緣，葉面沿中脈兩側有紫色暈。穗狀花序圓柱狀。苞片長橢圓形，粉紅色至紅紫色。中下部苞片近圓形，淡綠色，花萼白色，頂端3鈍裂。花冠漏斗狀，花管細，頂端3裂瓣，上片較大，頂端成兜形，唇瓣圓形，淡黃色。發育雄蕊1枚，雌蕊1枚。蒴果卵狀三角形。

效用

根莖有破血祛瘀，行氣止痛，消積舒肝之效。治氣血凝滯，癥瘕積聚，脘腹脹痛，食積脹滿，經閉腹痛，血瘀腹痛，惡性腫瘤。

方例

- 治腹脹、積塊：莪朮、三稜各8公克、青皮、麥牙各12公克，水煎服。
- 治肝脾腫脹：莪朮、三稜各8公克，丹參、白朮、鱉甲各12公克，桃仁、紅花各4公克，水煎服。

葉片長橢圓形，全緣，葉面沿中脈兩側有紫色暈

藥用部位及效用
藥用部位
根莖
效用
根莖有破血祛瘀，行氣止痛，消積舒肝。治氣血凝滯，癥瘕積聚，脘腹脹痛，食積脹滿，經閉腹痛，血瘀腹痛，惡性腫瘤。

採收期　　　　　　保存　　採集地　　　栽培環境與部位

薑黃 *Curcuma longa* L.

科 名	薑科（Zingiberaceae）	藥材名	薑黃
屬 名	薑黃屬	別 名	黃薑、姜黃、寶鼎香

▲ 薑黃為多年生宿根性草本。

形態

多年生宿根性草本。根多數末端膨大成紡錘狀塊根。根莖肥大長橢圓形。葉根生，具長鞘狀柄，葉片長橢圓形。穗狀花序稠密，每苞片內含小花數朵，每花又有一苞片，白或淺紅色，花冠管上部漏斗狀，綠黃色，唇瓣中央橙黃色3淺裂，雄蕊2枚，雌蕊1枚，蒴果球形。

效用

行氣破血、健胃、利膽、解毒。治心腹脹痛、脘腹痛、胃炎、膽道炎、黃疸、肩背痛、風痹痛、月經不順、癰腫、跌打損傷。

方例

- 治胃炎、膽道炎、黃疸、腹脹痛：薑黃、鬱金、茵陳、延胡索各6公克、黃連4公克、肉桂3公克，水煎服。
- 治心腹痛：薑黃、桂皮為末，醋湯服下4公克。
- 治月經不順：薑黃、熟地、赤芍、川芎、黃芩、丹皮、延胡索、製香附各4公克，水煎服。

穗狀花序，每苞片內含小花數朵

藥用部位及效用
藥用部位
根莖
效用
行氣破血、健胃、利膽、解毒。治心腹脹痛、脘腹痛、胃炎、膽道炎、黃疸、肩背痛、風痹痛、月經不順、癰腫、跌打損傷。

採收期

保存

採集地

栽培環境與部位

山奈 *Kaemyiferia galangal* L.

科 名	薑科（Zingiberaceae）	藥 材 名	山奈
屬 名	山奈屬	別 名	三奈、沙薑、山辣、三賴

▲ 山奈為多年生宿根性草本。

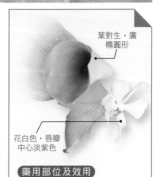

葉對生，廣橢圓形

花白色，唇瓣中心淡紫色

形態

多年生草本。根莖呈黃色，具有濃郁香氣。葉對生，廣橢圓形，先端尖，具短柄，兩葉相對，夏季開花，由葉際生披針形的小苞數片，苞中挺出一花，花白色，唇瓣中心現淡紫色。當日晨開放，日暮凋謝，翌日他苞又出一花，經十餘日而開盡。

效用

有溫中散寒，除濕避穢之效。治胸腹冷痛、風寒感冒、牙痛、胃腸消化不良。

方例

- 治胸腹冷痛：山奈、丁香、當歸、甘草各4-12公克，加酒煎服。
- 治胃腸消化不良：山奈、蒼朮、厚朴、陳皮各6-8公克，大棗、炙甘草、生薑各3公克，水煎服。

藥用部位及效用

藥用部位
根莖
效用
溫中散寒，除濕避穢之效。治胸腹冷痛、風寒感冒、牙痛、胃腸消化不良。

採收期　　　　　保存　　採集地　　栽培環境與部位

1	2	3	4	5	6
7	8	9	10	11	12

美人蕉 *Canna indica* L.

科 名	美人蕉科（Cannaceae）	藥 材 名	蓮蕉、曇華
屬 名	美人蕉屬	別 名	蓮蕉、蓮蕉花、紅蓮蕉、曇華、觀音蕉

▲ 美人蕉根莖塊狀肥厚。

形態

多年生草本。單葉互生，葉柄鞘狀抱莖，葉卵狀長橢圓形全緣。總狀花序，花單生或成對，花冠紅色，管長約1cm，裂片3枚，披針形；具苞片1枚，萼3枚。蒴果卵狀長圓形。

效用

止血、調經、利尿、利膽之效。治急性黃疸型肝炎、肝病、喀血、白帶、月經不調、癰瘡、腫毒等。

方例

- 治白帶：與龍船花根各12公克，水煎服或燉雞服。
- 治急性黃疸型肝炎：根20-40公克，西河柳、黃水茄，茵陳蒿、柴胡各10公克，水煎服。

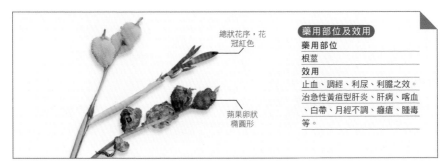

總狀花序，花冠紅色

蒴果卵狀橢圓形

藥用部位及效用

藥用部位

根莖

效用

止血、調經、利尿、利膽之效。治急性黃疸型肝炎、肝病、喀血、白帶、月經不調、癰瘡、腫毒等。

採收期

保存

採集地

栽培環境與部位

金線蓮 *Anoectochilus formosanus* Hay.

科 名	蘭科（Orchidaceae）	藥 材 名	金線蓮
屬 名	金線蓮屬	別 名	樹草蓮、本山石松

▲ 金線蓮葉具網狀脈。

形態
多年生草本。葉互生，卵圓形，全緣，表面暗綠色，主脈5條，具細小之網狀支脈，背面粉紅色。春開粉紅花，總狀花序。花瓣唇瓣丫字形，中部兩側分裂，裂片線狀絲形，前部深裂為2，裂片線形，距呈囊狀三角形。

效用
清熱、涼血、潤肺、滋養強壯之效。治肺熱、肺病、發燒、肝病脾虛、吐血、衄血、遺精、創傷、毒蛇咬傷等。

方例
• 治肺熱、肺癆、吐血、衄血：鮮金線蓮、一點癀各20-40公克，煎冰糖服。

• 治高血壓、肺病潤肺：全草20公克煎服。
• 治急性肝炎：鮮品8公克，虎杖、梔子各4公克，水煎服。
• 治胰臟炎疼痛：金線蓮、梔子、金鎖匙各20公克，山澤蘭、淡竹根各10公克，水煎服。

葉互生，卵圓形，全緣，背面粉紅色

藥用部位及效用
藥用部位
全草
效用
清熱、涼血、潤肺、滋養強壯之效。治肺熱、肺病、發燒、肝病脾虛、吐血、衄血、遺精、創傷、毒蛇咬傷等。

採收期　　　保存　　採集地　　栽培環境與部位

蒟醬 *Piper betle* L.

科 名	胡椒科（Piperaceae）	藥 材 名	蒟醬、荖藤、荖葉
屬 名	胡椒屬	別 名	荖藤、荖葉、荖花（臺）

▲《本草綱目》記載：「蒟子可以調食，故謂之醬，乃蓽撥之類也。」而有蒟醬、土蓽撥之名。蔓即蒟之意，又稱蔓藤。

形態

多年生藤本。葉互生，革質，廣卵形，基部心形或斜歪淺心形，先端漸尖，全緣。花果期全年均有，無花被，穗狀花序。漿果，與花序軸合生成肉質果穗，長條形而彎曲，深綠褐色，熟呈褐色。

效用

蒟醬（果穗）有溫中下氣、散結氣、消痰之效。治咳逆上氣、心腹冷痛、胃弱虛瀉，解酒。

方例

• 治咳嗽：鮮品荖葉數片，和杏仁、豬肉煎湯飲之。
• 驅蟲、治疔瘡、燙火傷，鮮品荖葉為末塗患處。
• 治火燙傷：取葉鮮品搗汁調蜜塗患處。

葉互生，革質，廣卵形

漿果，長條形而彎曲，深綠褐色

藥用部位及效用

藥用部位

果穗、葉

效用

葉有祛風燥濕、除痰、散結氣、消腫、止癢、驅蟲之效。治咳嗽、胃冷痛、妊娠水腫、濕疹、潰瘍等。

採收期　　　保存　　採集地　　栽培環境與部位

蕺菜 *Houttuynia cordata* Thunb.

科 名	三白草科（Saururaceae）	藥 材 名	蕺、蕺菜、魚腥草
屬 名	蕺菜屬	別 名	魚腥草、臭臊草、臭瘟草、狗貼耳

▲ 具特殊魚腥味，有魚腥草之稱。以「蕺」之名載於《名醫別錄》；《新修本草》稱為葅菜，因葅菜與蕺音相近之故；《本草綱目》另以魚腥草、葅子稱之。

形態
多年生草本，葉互生，心臟形，全緣。穗狀花序頂生，總梗細長，總苞4片，白色，倒卵形，上小花密生長圓筒形，花淡黃色，無花被，具苞片，披針形；雄蕊3枚；雌蕊卵形，柱頭3裂。蒴果近球形。

效用
利尿、解毒藥。治水腫、淋病、梅毒、膀胱炎、子宮炎、乳癰、肺膿瘍、化膿性中耳炎等。

方例
• 治肺癰：鮮品80公克，人參、芍藥10公克煎服。
• 治肺炎：全草20-40公克，桔梗20公克，水煎服。
• 治高血壓：全草與仙草各40公克，水煎服。
• 治痢疾、解熱：魚腥草、車前草各40公克水煎服。

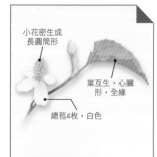

小花密生成長圓筒形

葉互生，心臟形，全緣

總苞4枚，白色

藥用部位及效用

藥用部位

全草

效用

利尿、解毒藥。治水腫、淋病、梅毒、膀胱炎、子宮炎、乳癰、肺膿瘍、化膿性中耳炎等。

採收期

保存　採集地　栽培環境與部位

三白草 *Saururus chinensis*（Lour.）Ball.

科 名	三白草科（Saururaceae）	藥 材 名	三白草根、水荖根
屬 名	三白草屬	別 名	水荖葉、水荖草、水荖根

▲ 水澤濕地群生，由於2-3片葉於開花前變白，葉上有三白點得名。又因葉似蒟醬葉（荖葉），而有水荖葉、水荖草之稱。

形態

多年生草本。葉互生，披針狀卵形，全緣，基部心狀而帶耳形，5出脈。總狀花序，頂生，花兩性，無花被，雄蕊6枚，雌蕊1枚，柱頭4裂。蒴果。

效用

清熱利尿、消腫解毒。治水腫、淋病、癬瘡等。外用治濕疹。

方例

• 消炎退腫：鮮根20-40公克，水煎服或燉鴨蛋服。
• 治肝炎：根20公克，水煎服。或與莧菜、黃水茄各20公克水煎服。
• 利尿、清熱解毒：全草20-40公克，水煎服。
• 治肺積水：根20公克或全草40公克，水煎服。
• 治水腫、疔腫：全草水煎服，或搗敷患處。

藥用部位及效用

藥用部位
根莖、全草
效用
清熱利尿、消腫解毒。治水腫、淋病、癬瘡等。外用治濕疹。

採收期 　保存 　採集地 　栽培環境與部位

構樹 *Broussonetia papyrifera* (L.) L' Herit.

科 名	桑科（Moraceae）	藥材名	楮；楮實（果實）、楮實子（種子）
屬 名	構樹屬	別 名	楮、鹿仔樹、穀樹

▲ 毬果熟呈橙紅色。

▲ 雄花為柔荑花序。

毬果圓球形，熟呈橙紅色

形態

落葉中喬木，葉卵形，基部心形，具鋸齒緣或分裂，托葉大。雌雄異株，雄花為柔荑花序，下垂，雌花密生為圓球毬果，熟呈橙紅色。

效用

果實為強壯藥，治陰痿、水腫，壯筋骨，補虛勞、明目。葉治風濕、疝氣；外用搗汁治皮膚病。根皮為利尿劑、治水腫。

方例

• 治吐血、咳血：楮實20-40公克，水煎服。
• 治夢遺、眼花：楮實、枸杞各20公克，水煎服。
• 治鼻衂、水腫：楮葉20-40公克，水煎服。

藥用部位及效用

藥用部位
果實、葉、根皮

效用
果實為強壯藥，治陰痿、水腫，壯筋骨，補虛勞、明目。葉治風濕、疝氣；外用搗汁治皮膚病。根皮為利尿劑、治水腫。

採收期　　保存　　採集地　　栽培環境與部位

1	2	3	4	5	6
7	8	9	10	11	12

A　D

20 / 25

黃金桂

Cudrania cochinchinensis (Lour.) Kudo et Masam. var. *gerontogea* (S. et X.) Kudo et Masam.

科 名	桑科（Moraceae）	藥 材 名	黃金桂
屬 名	拓樹屬	別 名	蔨芝、臺灣拓樹、大疗癀、刺格仔、刺果樹

▲ 黃金桂山野自生，攀緣性灌木。

形態

多年生藤本或攀緣性灌木，葉互生革質，長橢圓形，先端凹或倒心形，基部鈍形，全緣或波狀齒緣。花雌雄異株，均呈頭狀，黃色。聚合果球形，熟時橙黃色。

效用

解熱、解毒，跌打傷藥，治風濕病、跌打傷等。

方例

- 祛風濕：黃金桂、番仔刺根、椬梧根、大風草、風藤、野牡丹各20公克，酒燉豬腳服。
- 治風濕、行氣血：本品20公克，威靈仙、白粗糠、三葉五加各12公克，水煎服，或半酒水燉瘦肉服。
- 祛風濕、治瘀痛：黃金桂、萬點金、過山香各20公克，水煎服。
- 治跌打傷：黃金桂20公克，穿山龍、入骨丹、牛入石、金不換各12公克，加酒煎服。

葉互生，革質長橢圓形至卵形

藥用部位及效用
藥用部位
根及莖
效用
解熱、解毒，跌打傷藥，治風濕病、跌打傷等。

採收期　　保存　　採集地　　栽培環境與部位

無花果 *Ficus carica* L.

科 名	桑科（Moraceae）	藥 材 名	無花果
屬 名	榕屬	別 名	底珍樹、蜜果、映日果、唐秭

▲ 各地零星栽培，屬於隱花植物（隱頭花序），以結一粒粒類球形之果實（花托）而得名。

形態

落葉性灌木或喬木；葉互生，葉片近圓形，葉3-5裂，裂片卵圓形，波緣，具掌狀脈。初夏結隱花果，內面著生許多淡紅白色單性花，雌花在上部，熟呈紅紫色。

效用

果實為緩和、健胃及輕瀉藥。治咳嗽、咽喉痛、痔瘡、腫痛。葉治痔疾、貧血及健胃。外用搗敷疔瘡。

方例

- 治痔瘡：果煎湯洗患部及果5-8枚煎服。
- 鎮咳：果實5-8枚煎服。
- 治久瀉不止：無花果5-7枚水煎服。
- 治痔瘡、脫肛、便秘：鮮果生吃或10枚燉豬腸服。
- 治神經痛：葉煎湯沐浴。

隱花果，果單生，梨狀

藥用部位及效用

藥用部位
果實、葉
效用
果實為緩和、健胃及輕瀉藥。治咳嗽、咽喉痛、痔瘡、腫痛。葉治痔疾、貧血及健胃。外用搗敷疔瘡。

採收期

保存

採集地

栽培環境與部位

1	2	3	4	5	6
7	8	9	10	11	12

A　D　20~25

牛乳榕 *Ficus erecta* Thunb. var. *beecheyana* (Hook. & Arn.) King

科 名	桑科（Moraceae）	藥 材 名	牛乳埔
屬 名	榕屬	別 名	牛乳埔、牛乳房、牛馬乳、鹿飯

▲ 葉似牛之乳房而得名，由於葉較大形而有大本牛乳榕（牛乳房）之別名。

形態
半落葉小喬木，全株被有毛茸。葉互生，長倒卵形，先端突尖，基部圓形，全緣或波狀緣。隱花果腋生，單立，球形，熟時橙紅色。

效用
祛風、解毒、助小孩發育之效，治風濕病、腎虛。

方例
- 治腎虛、風濕：與山葡萄根、白粗糠根各20公克，水煎服。
- 祛風、治腎虛：牛乳埔20-40公克，半酒水燉豬尾服，或加楓梧根、苦藍盤各20公克。
- 治風濕：牛乳埔、黃金桂、風藤、一條根、白馬屎、台灣山豆根（青皮貓）各20公克，水煎服。
- 助小孩發育、治腎虛：與白龍船花、九層塔、蚶殼草、丁豎杇、枸杞根各30公克，燉雞服。

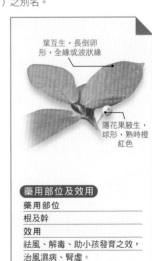

葉互生，長倒卵形，全緣或波狀緣

隱花果腋生，球形，熟時橙紅色

藥用部位及效用
藥用部位
根及幹
效用
祛風、解毒、助小孩發育之效，治風濕病、腎虛。

採收期

保存　採集地　栽培環境與部位

99

臺灣天仙果 *Ficus formosana* Maxim.

科 名	桑科（Moraceae）	藥 材 名	小本牛乳埔、山菝仔
屬 名	榕屬	別 名	天仙果、小天仙果

▲ 常綠灌木，全株含白色乳汁。

形態

常綠灌木。葉互生，葉片倒卵狀披針形，長6-10cm，寬2-3cm，全緣。隱花果腋生單一，內具多數小花，雌雄異株。隱花果熟呈紫紅色。

效用

治風濕痛、哮喘、腎虛、脾胃虛、扁桃腺炎、小孩發育不良、跌打損傷。

方例

- 治風濕痛：天仙果根、小山葡萄、刺莧、白粗糠各12-20公克，半酒水燉排骨服。
- 治脾胃虛：天仙果、枸杞子、熟地黃、黃耆、絞股藍各12-20公克，半酒水煎服。
- 治小孩發育不良：天仙果、狗尾草、九層塔、含殼草各12-20公克，燉瘦肉服。

隱花果熟呈紫紅色

藥用部位及效用

藥用部位

根、莖

效用

治風濕痛、哮喘、腎虛、脾胃虛、扁桃腺炎、小孩發育不良、跌打損傷。

採收期　　　　　　保存　　採集地　　栽培環境與部位

葎草 *Humulus scandens* (Lour.) Merr.

科 名	桑科（Moraceae）	藥 材 名	葎草、山苦瓜
屬 名	葎草屬	別 名	山苦瓜、苦瓜草

▲ 山野自生蔓性草本植物。

形態

多年生蔓性草本，莖及葉柄具短棘。葉掌狀分裂七裂片，具柄，鋸齒緣；雌雄異株，雄花圓錐花序，淡黃色小花；雌花毬果狀，下垂。

效用

治淋病、瘧疾、瘀血、利尿、健胃、腫毒、梅毒及水腫等。

方例

• 治胃病、淋病、利尿：莖葉20-75公克水煎服。
• 健胃：雌花12-20公克水煎服。
• 治痢疾、尿血：葎草鮮品40-75公克水煎服。
• 治皮膚搔癢：葎草40-75公克，水煎汁洗患處。
• 治痔瘡、脫肛：葎草鮮品120公克，水煎洗患處。

夏季開淡黃色小花

葉掌狀分裂為七個裂片

藥用部位及效用

藥用部位
全草、花序

效用
治淋病、瘧疾、瘀血、利尿、健胃、腫毒、梅毒及水腫等。

採收期

1	2	3	4	5	6
7	8	9	10	11	12

保存　

採集地　

栽培環境與部位

薜荔 *Ficus pumila L.*

科 名	桑科（Moraceae）	藥 材 名	木蓮、風不動
屬 名	榕屬	別 名	木蓮、石壁蓮、風不動

▲ 薜荔為常綠藤本植物。

山野叢林內的樹幹、河堤或垣牆古壁，偶見有常綠藤本植物攀附其上，這植物就是
又稱木蓮的薜荔。最早收載於《本草拾遺》典籍中，《日華子本草》稱為木蓮藤；
《本草綱目》則稱為木饅頭和鬼饅頭。

形態
常綠灌木型藤本植物，莖粗具氣生根。葉卵形或橢圓形，長6-9cm，柄1-2cm。果球
形或橢圓形，徑2.5-5cm，有白斑點，青綠色，內含白色瓤肉及雌雄小花，似無花
果。

效用
枝葉可消腫，治惡瘡、癰疽、癬疥、祛風濕等。莖煎服
治傷風、癰瘡，或強壯劑。果實為壯陽、固精、止血、
下乳，治久痢、腸痔、脫肛等。

採收期　　　　　保存　　　　採集地　　栽培環境與部位

▲ 果球形或橢圓形。

▲ 攀附牆壁或樹生長。

▲ 薜荔果實。

方例

• 治腰痛、風濕痛、關節痛：莖20-40公克，酒水各半煎服。

• 治尿血、小便不利：莖20-40公克、甘草4公克，水煎服。

• 治病後虛弱：莖40-75公克，燉赤肉服。

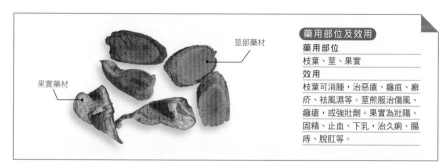

果實藥材

莖部藥材

藥用部位及效用

藥用部位

枝葉、莖、果實

效用

枝葉可消腫，治惡瘡、癰疽、癬疥、袪風濕等。莖煎服治傷風、癰疽，或強壯劑。果實為壯陽、固精、止血、下乳，治久痢、腸痔、脫肛等。

小葉桑 *Morus australis* Poir.

科 名	桑科（Moraceae）	藥 材 名	桑葉、桑枝、桑白皮（根皮）
屬 名	桑屬	別 名	桑樹、鹽桑仔、雞桑、桑材仔、蠶仔樹

▲ 小葉桑果實為聚合果。

枝葉為百草茶常用原料之一，有清熱、解暑、利尿之功效；根皮為止咳、祛痰藥；果實桑椹熟呈紫黑色，是滋補強壯、養顏美容聖品。

形態
落葉小喬木，小枝光滑。葉卵形，頭尖，基部截形或倒心形，葉片初有細毛，老葉則殆盡光滑。雌雄異株，雄花為柔荑花序，雌花序橢圓球形。果實為球形或橢圓形之聚合果，熟呈紫黑色。

效用
桑白皮為利尿、解熱、祛痰、鎮咳藥。枝葉解熱、消炎、利尿、祛痰，治喘咳、水腫、煩渴、咳血、吐血、衄血。果實滋養強壯，治便秘、神經衰弱、煩躁失眠、貧血。

採收期　　　保存　　　採集地　　栽培環境與部位

| 1 | 2 | 3 | 4 | 5 | 6 |
| 7 | 8 | 9 | 10 | 11 | 12 |

▲ 落葉小喬木，葉對生，卵形。

▲ 桑樹之枝葉。

▲ 桑白皮（根皮）藥材。

方例

- 治黃疸：桑根皮、茵陳、梔子各12公克，水煎服。
- 治鼻衄：根12公克，蓮藕、茅根、榕樹鬚根各10公克，水煎服。
- 治咳嗽、祛痰：桑白皮、桔梗、枇杷葉各20公克，水煎服。
- 治感冒頭痛、解熱、鎮咳、祛痰：桑枝葉鮮品40-75公克，水煎服。

桑樹之枝葉

桑白皮（根皮）

藥用部位及效用

藥用部位

葉、枝、根皮

效用

桑白皮為利尿、解熱、祛痰、鎮咳藥。枝葉解熱、消炎、利尿、祛痰，治喘咳、水腫、煩渴、咳血、吐血、衄血。果實滋養強壯，治便秘、神經衰弱、煩躁失眠、貧血。

木苧麻 *Boehmeria densiflora Hook. et Arn.*

科名	蕁麻科（Urticaceae）	藥材名	木苧麻
屬名	苧麻屬	別名	密花苧麻、紅水柳、水柳癀、山水柳、蝦公鬚

▲ 木苧麻常見山野溪旁自生。

形態

常綠小灌木。葉對生或互生，葉片卵狀披針形，細銳鋸齒緣。雌雄異株，單性，穗狀花序，淺紅色至紅色，腋生，花密生成球形。瘦果扁方形。

效用

具祛風、利水、調經之效。治感冒、頭痛、風濕痛，腰、四肢痠痛、月經不調、黃疸。

方例

- 治感冒、頭痛：木苧麻20-40公克，水煎服。或與鈕仔茄、磨盤草、雞屎藤、土煙根、野牡丹各10公克，水煎服。
- 治月經不調：木苧麻、益母草、龍船花、白肉豆根各10-20公克，水煎服。
- 治風濕痛：與三腳別、山葡萄、黃水茄各20-40公克，半酒水煎服。

葉對生或互生，葉片卵狀披針形

瘦果扁方形

藥用部位及效用

藥用部位

根及莖

效用

具祛風、利水、調經之效。治感冒、頭痛、風濕痛，腰、四肢痠痛、月經不調、黃疸。

採收期

保存

採集地

栽培環境與部位

山苧麻 *Boehmeria frutescens* Thunberg

科 名	蕁麻科（Urtiaceae）	藥 材 名	山苧麻、山地麻根
屬 名	苧麻屬	別 名	青苧麻、山地麻、白山麻、野苧麻

▲ 平野山區自生，因葉背面布滿白色絨毛而得名。

形態

草本狀灌木。葉互生，具長柄，葉片廣卵形，先端漸尖，粗銳鋸齒緣，葉面綠色具痂鱗，葉背灰白色，被白色絨毛，葉脈具纖毛。雌雄同株異花或異株，聚繖花序，腋生。雌花簇生於花序上成球形，綠黃色。雄花序黃白色。瘦果扁橢圓形，被毛。

效用

根治清血止血、解熱利尿、祛瘀消腫。治急慢性肝炎、感冒發熱、麻疹發燒、咳血、尿血、痔血、婦女白帶、月經過多。外用治跌打傷、創傷出血、腫毒。

方例

- 治肝炎：山苧麻根20公克，水煎服。
- 治肝炎、黃疸：山苧麻根、茵陳蒿、各12公克、山梔子8公克、大黃4公克，水煎服。
- 治跌打傷：根20公克加酒煎服，並以鮮品搗敷。

葉互生，具長柄，葉片廣卵形

藥用部位及效用

藥用部位
根部、枝葉

效用
根治清血止血、解熱利尿、祛瘀消腫。治急慢性肝炎、感冒發熱、麻疹發燒、咳血、尿血、痔血、婦女白帶、月經過多。外用治跌打傷、創傷出血、瘡瘍腫毒。

採收期　　保存　　採集地　　栽培環境與部位

奶葉藤 *Gonostegia hirta* (Bl.) Miq.

科 名	蕁麻科（Urtiaceae）	藥 材 名	奶葉藤
屬 名	石薯屬	別 名	糯米團、蔓苧麻、石薯

▲ 奶葉藤常見平野群生。

形態
多年生草本。葉對生，卵狀披針形，先端銳尖，基部鈍圓，全緣，疏生短毛，托葉合生，卵形。雌雄同株，花腋生，花被5裂，裂片長卵形，花被合生管狀，卵形，上被白絨毛，雄蕊5，柱頭1。瘦果卵形，花被宿存。

效用
清熱、解毒、健脾、止血之效。治癰瘡腫毒、痢疾、白帶、積食脹滿。

方例
- 治癰瘡腫毒：鮮品適量，加鹽少許搗敷患部。有膿者加紅糖調敷。
- 治痢疾、經痛：全草12-20公克，水煎服。
- 治白帶：全草鮮品，20-40公克，水煎服。
- 治積食脹滿：奶葉藤根40公克，水煎服。

雌雄同株，花腋生，花被5裂

葉對生，全緣，疏生短毛

藥用部位及效用

藥用部位

全草

效用

清熱、解毒、健脾、止血之效。治癰瘡腫毒、痢疾、白帶、積食脹滿。

採收期

保存

採集地

栽培環境與部位

小葉冷水麻 *Pilea microphylla* (L.) Liebm.

科 名	蕁麻科（Urticaceae）	藥 材 名	小號珠仔草
屬 名	冷水麻屬	別 名	小葉冷水花、透明草、小號珠仔草（臺）

▲ 平野濕地群生。

形態
一年生肉質草本，莖具稜透明狀多分枝密生。葉2型，近2排。大型葉，倒卵狀廣披針形，全緣。小型葉，生於節部。花簇生葉腋，聚繖花序，雌雄同株或異株，花綠白色或微帶紅，細小。雄花雄蕊4枚，萼4枚，雌花萼3枚。瘦果長橢圓形。

效用
清熱、解毒、利濕之效。治肺病、肝炎、咽喉痛、癰瘡腫毒、創傷、燙火傷。

方例
• 治癰瘡腫毒：鮮全草搗爛調紅糖少許，外敷患部。
• 治燙燒傷：鮮全草搗汁外塗。
• 解熱、利尿：鮮全草、車前草、崗梅、山澤蘭各10公克，水煎服。

大型葉，倒卵狀廣披針形，全緣

藥用部位及效用

藥用部位
全草

效用
清熱、解毒、利濕之效。治肺病、肝炎、咽喉痛、癰瘡腫毒、創傷、燙火傷。

採收期　　　保存　　採集地　　　栽培環境與部位

| 1 | 2 | 3 | 4 | 5 | 6 |
| 7 | 8 | 9 | 10 | 11 | 12 |

109

大花細辛 *Asarum macranthum* Hook. F.

科　名	馬兜鈴科（Aristolochiaceae）	藥 材 名	細辛
屬　名	細辛屬	別　名	細辛、馬蹄香

▲ 山野常見之多年生宿根草本。

形態

多年生宿根草本。根莖短，鬚根甚多，葉叢生於根際，心臟形或長橢圓形，表面滑澤具斑紋，波狀緣，具長柄。花暗帶紫色囊狀，腋生，僅生出地面；花瓣3裂，裂片呈三角形向外反捲，紫白色；雄蕊12枚。假漿果半球形。

效用

鎮咳、袪痰、解熱、發汗、鎮痛之效。治感冒、頭痛、咳嗽、支管炎、肝病、腎臟病、神經痛。

方例

- 治感冒咳嗽、支氣管炎：根或全草12公克水煎服。
- 治感冒、支氣管炎、支氣管喘息、肺炎：根12公克，麻黃6公克，附子4公克，水煎服。
- 治風熱頭痛：細辛、川芎各12公克，荊芥、防風、白芷、羌活等各8公克，水煎服。

葉叢生，心臟形或長橢圓形，波狀緣

藥用部位及效用

藥用部位

根

效用

鎮咳、袪痰、解熱、發汗、鎮痛之效。治感冒、頭痛、咳嗽、支管炎、肝病、腎臟病、神經痛。

採收期

1	2	3	4	5	6
7	8	9	10	11	12

保存　採集地　栽培環境與部位

異葉馬兜鈴 *Aristolochia heterophylla* Hemsl.

科 名	馬兜鈴科（Aristolochiaceae）	藥 材 名	天仙藤（莖）、青木香（根）、馬兜鈴（種子）
屬 名	馬兜鈴屬	別 名	台灣馬兜鈴、木香、天仙藤、青木香、黃藤

▲ 山野多見之多年生蔓性草本。

形態

多年生蔓性草本。葉長橢圓狀腎形，被絨毛。初夏開暗紫色花，腋生，單立，苞片1枚，外被絹毛。蒴果球狀橢圓形。

效用

根為止痛、解熱藥。治腹痛、眩暈、神經痛、毒蛇傷，抗癌。種子為鎮咳祛痰藥，治哮喘、支氣管炎、高血壓。

方例

- 治腹痛：青木香、細辛根、樟根、炮仔草及雙面刺各10-20公克，半酒水煎服。
- 治神經痛：天仙藤10-20公克，水煎服。
- 治蛇傷：天仙藤、苦參根、滿天星各8公克，大黃、廣木香、雙面刺、半夏、通草、百部、獨活各4公克，半酒水煎服。

蒴果球狀橢圓形

暗紫色花，腋生

藥用部位及效用

藥用部位

莖、根、種子

效用

根為止痛、解熱藥。治腹痛、眩暈、神經痛、毒蛇傷，抗癌。種子為鎮咳祛痰藥，治哮喘、支氣管炎、高血壓。

採收期　　　　　　保存　　　　　採集地　　栽培環境與部位

111

火炭母草 *Polygonum chinense L.*

科 名	蓼科（Polygonaceae）	藥 材 名	火炭母草、冷飯藤
屬 名	蓼屬	別 名	冷飯藤、秤飯藤、紅骨冷飯藤、土川七

▲ 山野常見之多年生草本植物。

形態

多年生蔓莖草本。葉長橢圓狀卵形，表面具斑紋，葉鞘抱莖。四季開花結果，圓錐花序，頂生，花穗數個，球形，花白色或淡紅色，10-12朵密生；花柱3裂。瘦果黑色。

效用

根有消炎、通經之效。治腰痠背痛、跌打傷、癰腫、小兒發育不良、月經不調。葉治皮膚病、敷癰腫等。

方例

- 治腰痠背痛、跌打傷、癰腫、通經：冷飯藤根40-75公克，水煎服。
- 治疔瘡、癰腫：鮮葉煎服或搗敷患處。
- 治腰扭傷、酸痛：鮮葉40公克半酒水煎服。

葉廣卵形，表面具斑紋

藥用部位及效用

藥用部位

根、嫩莖葉

效用

根有消炎、通經之效。治腰痠背痛、跌打傷、癰腫、小兒發育不良、月經不調等。葉治皮膚病、敷癰腫等。

採收期　　　　　保存　　採集地　　栽培環境與部位

虎杖 *Polygonum cuspidatum* Sieb. et Zucc.

科 名	蓼科（Polygonaceae）	藥 材 名	虎杖、本川七
屬 名	蓼屬	別 名	本川七、土川七、紅肉川七、紅三七

▲ 虎杖於山野常見群生。

形態

灌木狀草本；葉廣卵形，全緣或深波狀起伏，具柄，托葉鞘短。圓錐花序，密集著生於枝端或腋生，雌雄異株，花多數，白色，花被5裂，具闊翅；雄花雄蕊8枚；雌花子房卵形，具三稜。瘦果三角狀，具宿存之翅狀花被。

效用

利尿、通經、鎮痛、解毒之效。治月經不調、產後瘀血腹脹、小便不通、跌打傷、小兒發育不良等。

方例

- 解氣血鬱：本川七12公克，半酒水燉赤肉服。
- 治小孩發育不良：取根燉赤肉服，或與芙蓉根、蚶殼草、九層塔各40公克，燉雞服。
- 治風濕、跌打損傷：取根20公克煎酒服。

圓錐花序，花白色具闊翅

葉廣卵形，全緣或身波狀起伏

（藥用部位及效用）

藥用部位

根部

效用

利尿、通經、鎮痛、解毒之效。治月經不調、產後瘀血腹脹、小便不通、跌打傷、小兒發育不良等。

採收期　　　　保存　　採集地　　栽培環境與部位

臺灣何首烏 *Polygonum multiflorum* Thunb. var. *hypoleucum* (Ohwi) Liu, ying & Lai

科 名	蓼科（Polygonaceae）	藥 材 名	紅雞屎藤
屬 名	蓼屬	別 名	白雞屎藤、紅雞屎藤、雞香藤、夜交藤

▲ 山野常見開白花之蔓性植物。

形態

多年生蔓性草本，根粗小，紫紅色。葉背面帶紫紅色。夏秋開白花，瘦果。唯葉長橢圓狀卵形，且無肥大之塊根與何首烏區別之。

效用

祛風、鎮咳、祛痰之效。治風濕、感冒咳嗽等。

方例

- 治關節炎：與桑根、桃金孃根、雞屎藤各20公克，水煎服。
- 治風濕症：取藤20-40公克，半酒水燉豬尾服。或加穿山龍、金英根、海芙蓉各10公克，加酒煎服。
- 治咳嗽：取根與澤蘭、桑根各20公克，水煎服。或取藤、埔鹽根各20公克，加冰糖煎服。
- 活血、養血：取藤20公克，燉瘦肉服。
- 治四肢痠痛：與牛乳埔、苦藍盤、牛膝、臺灣山豆根各12公克，半酒水燉排骨服。

葉背面帶紫紅色

藥用部位及效用
藥用部位
根及藤
效用
區風、鎮咳、祛痰之效。治風濕、感冒咳嗽等。

採收期　　　保存　　採集地　　栽培環境與部位

1	2	3	4	5	6
7	8	9	10	11	12

A

杠板歸 *Polygonum perfoliatum* L.

科 名	蓼科（Polygonaceae）	藥材名	杠板歸、犁壁刺
屬 名	蓼屬	別 名	犁壁刺、三角鹽酸

▲ 杠板歸為莖具逆刺之蔓性草本植物。

形態

一年生蔓性草本，莖、葉柄及葉背脈上具逆刺。葉互生，三角形，有長柄，具一圓形托葉抱莖。花序短穗狀，基部具圓葉狀苞筒，著生粒狀白色或淡紫色小花十餘朵；萼5片，花瓣缺；雄蕊8枚，雌蕊1枚，花柱3裂。瘦果球形，熟呈藍色。

效用

止痢，治癰疽、惡瘡、跌打傷、瘡腫、蛇傷。

方例

- 治喉痛、清涼解毒：鮮品約20-40公克，水煎服。
- 治痢疾：全草與鳳尾草各20-40公克水煎服。
- 治高血壓：全草20-40公克，水煎代茶飲。
- 治癰疽、瘡腫、蛇傷：鮮品水煎服，並搗敷患處。

瘦果球形，生時青色，熟呈藍色

葉互生，三角形，具一圓形托葉

藥用部位及效用

藥用部位
全草

效用
止痢，治癰疽、惡瘡、跌打傷、瘡腫、蛇傷。

採收期

保存

採集地

栽培環境與部位

酸模 *Rumex acetosa L*

科 名	蓼科（Polygonaceae）	藥材名	酸模、山大黃
屬 名	酸模屬	別 名	山大黃、山羊蹄、酸母

▲ 酸模於山野多見群生。

形態

多年生草本。莖上葉互生，柄短，基部抱莖。葉片長橢圓形，莖上部葉披針形，花單性，雌雄異株，頂生，長圓錐形，稀疏分枝，花數朵簇生。瘦果圓形，具3稜，呈黑色。

效用

清熱、利尿、健胃、涼血、解毒、殺蟲之效。治吐血、熱痢、便血、小便不利、淋病、惡瘡、疥癬、皮膚癢等。

方例

- 治慢性便秘：全草、枳殼各12公克，水煎服。
- 治吐血、便血：根與小薊、地榆炭、炒黃芩各12公克煎服。
- 利尿：根12-15公克，水煎服。
- 治瘡疥：鮮根搗爛擦患處。
- 治皮膚濕疹及燙傷：全草、白椿根各75公克，桉葉、冬青葉各40公克，研末油調塗。

葉長橢圓形，基部抱莖

藥用部位及效用

藥用部位

根或全草

效用

清熱、利尿、健胃、涼血、解毒、殺蟲之效。治吐血、熱痢、便血、小便不利、淋病、惡瘡、疥癬、皮膚癢等。

採收期

保存

採集地

栽培環境與部位

羊蹄 *Rumex japonicus* L.

科 名	蓼科（Polygonaceae）	藥材名	土大黃根、羊蹄根、殼菜根（臺）
屬 名	羊蹄屬	別 名	土大黃、殼菜、山殼菜

▲ 羊蹄分布於平野及山區。

形態
多年生草本。葉互生，根際葉長橢圓狀披針形，波狀緣，具柄。花綠色，圓錐花序長而大，花萼6片，雄蕊6枚。瘦果三稜形，具卵圓形翅。

效用
有瀉火、通便、殺蟲、消腫、退癀之效，為緩瀉藥為大黃之代用品。外擦疥癬，敷惡瘡等皮膚病。

方例
- 治疥癬皮膚病：羊蹄根和醋磨，擦患處。
- 消腫退癀：羊蹄搗敷腫毒。
- 治皮膚濕疹、瘡疥、疥癬：羊蹄根10公克、硼砂2公克、桉葉5公克，共研末，和菜油調塗患處。

葉互生，基部皺曲，波狀緣

藥用部位及效用

藥用部位
根部

效用
有瀉火、通便、殺蟲、消腫、退癀之效，為緩瀉藥為大黃之代用品。外擦疥癬，敷惡瘡等皮膚病。

採收期

保存

採集地

栽培環境與部位

臭杏 *Chenopodium ambrosioides* L.

科名	藜科（Chenopodiaceae）	藥材名	臭川芎
屬名	藜屬	別名	臭川芎、土荊芥、臭莧、白冇癀、蛇藥草

▲ 臭杏莖葉具有特殊氣味。

形態

一年生草本。莖葉具特殊氣味，全草被白色腺毛。葉狹卵形或披針形，先端銳尖，深波狀鋸齒緣，具短柄。穗狀花序，花小形，綠色，單性，具葉狀苞，無柄；種子細小，外包以宿存花被片。

效用

有行血解毒，祛風除濕、健胃、強壯、通經之效。治跌打傷、風濕、蛇傷等。

方例

- 治風濕痛、跌打傷、消腫：臭川芎根酒炒後搓患處；或取根鮮品40-75公克，水煎加酒服。
- 解蟲毒：鮮葉搗汁塗，或煎汁洗患處。
- 治頭痛：取根與茵陳蒿根、土煙草根、艾根各20公克，水煎服。
- 治蛇傷：取根75-110公克，煎酒服並搗敷患處。

葉狹卵形或披針形

藥用部位及效用

藥用部位

全草

效用

有行血解毒，祛風除濕、健胃、強壯、通經之效。治跌打傷、風濕、蛇傷等。

採收期

| 1 | 2 | 3 | 4 | 5 | 6 |
| 7 | 8 | 9 | 10 | 11 | 12 |

保存　採集地　栽培環境與部位

小葉灰藋 *Chenopodium serotinum* L.

科 名	藜科（Chenopodiaceae）	藥 材 名	灰藋
屬 名	藜屬	別 名	灰藋、小藜、灰莧頭、麻糍草

▲ 平野、田園、荒廢地常見群生。

形態

一年生草本，全株具特殊氣味；葉互生，長橢圓形，波狀鋸齒緣。小花聚集成穗狀圓錐花序，頂生或腋生，花灰綠色，花被5枚，無花瓣，雄蕊5枚。瘦果，種子細小。

效用

有袪濕解毒、解熱、緩瀉之效。治瘡瘍、腫毒、疥癬、膚癢、痔疾等。

方例

- 治齒痛、腹痛：全草20公克，水煎服。
- 治習慣性便秘：取全草20-40公克，水煎服。
- 治痔疾：全草與柴胡、當歸各12公克，黃芩、甘草、大黃各4公克，水煎服。
- 治疔瘡、腫毒、蟲咬傷：莖葉搗敷患處。

穗狀圓錐花序，花灰綠色

互生，三角狀卵形，波狀鋸齒緣

藥用部位及效用
藥用部位
全草、根
效用
有袪濕解毒、解熱、緩瀉之效。治瘡瘍、腫毒、疥癬、膚癢、痔疾等。

採收期   保存   採集地   栽培環境與部位

119

土牛膝 *Achyranthes aspera* L. var. *indica* L.

科 名	莧科（Achyranthaceae）	藥材名	牛膝、白掇鼻草
屬 名	牛膝屬	別 名	牛膝、掇鼻草、雞骨黃、白土牛七

▲ 花梗細長、穗狀花序、小花似堅刺的植物，莖節膨大如牛之膝而得名。

形態

一年生草本。莖有稜，具毛茸。葉對生，長3-5cm，寬2-3cm，披針形，先端銳尖，兩面均被毛茸。花梗長，上生穗狀花序，多數小花，萼具5強韌鱗片；無花瓣，蜜腺較花萼為長，雄蕊5枚與花柱等長，柱頭兩裂，粗糙。瘦果具1種子，被以苞膜。

效用

祛風、利尿、行血、強筋骨之效，治瘀血、腰痠背痛、跌打傷等。

方例

- 治頭風：土牛膝、艾根、芙蓉根、走馬胎各20公克，半酒水燉雞頭服。
- 瀉肝火、利咽喉、治小便不利：土牛膝、芝麻糊、萬點金各20公克，木芙蓉花10公克，水煎服。
- 治小兒發育不良：土牛膝根、九層塔根、茄冬根各20公克，燉雞服。

——土牛膝藥材

藥用部位及效用

藥用部位
根部

效用
祛風、利尿、行血、強筋骨，治瘀血、腰痠背痛、跌打傷等。

採收期　　　　　保存　　　採集地　　栽培環境與部位

紫莖牛膝 *Achyranthes rubrofusca* Wight

科 名	莧科（Achyranthaceae）	藥材名	掇鼻草、牛膝
屬 名	牛膝屬	別 名	掇鼻草、對節草、昆明土牛膝、雲牛膝、牛七

▲ 山野、路旁及荒廢地，常見莧科牛膝屬之植物，莖枝帶有紅紫色且節部膨大，是它的特徵。根有祛風濕、行血之功效。

形態

多年生草本，全草有毛。莖枝呈赤褐色，莖方形，節部膨大。夏季開綠色小花，穗狀花序，無花瓣，具針狀小苞，萼片5枚披針形，先端頗尖銳而硬，雄蕊5枚，唯無花藥，雄蕊先端有毛，小苞基部無小齒，與土牛膝區別；花柱1枚；瘦果小，被以宿存之苞及萼。

效用

根健胃、祛風、利尿、行血、降火之效。治感冒、夢遺、筋骨痠痛、跌打傷、癰腫、高血壓、瘰癧。莖葉解熱、治糖尿病。葉搗敷腫毒。

方例

- 祛風活血、治風濕、跌打傷、筋骨痠痛、癰腫、糖尿病：根部40-75公克，燉赤肉服。
- 治高血壓：掇鼻草、藤根、苦瓜根、水丁香各20公克，水煎服。
- 治感冒：掇鼻草、茵陳蒿根各20公克，水煎服。

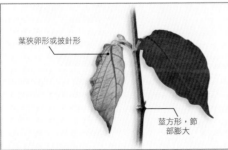

葉狹卵形或披針形

莖方形，節部膨大

藥用部位及效用	
藥用部位	
根部、莖葉	
效用	
根健胃、祛風、利尿、行血、降火之效。治感冒、夢遺、筋骨痠痛、跌打傷、癰腫、高血壓、瘰癧。莖葉解熱、治糖尿病。葉搗敷腫毒。	

採收期

保存

採集地

栽培環境與部位

長梗滿天星
Alternanthera philoxeroides (Moq.) Griseb.

科 名	莧科（Achyranthaceae）	藥材名	田烏草
屬 名	滿天星屬	別 名	空心蓮子草、田烏草、空心莧

▲ 原產於中美洲之莧科植物，已歸化自生，常見於溝旁、田畔低窪水澤地群生。頭狀花序，花被類白色，酷似布滿天上的星星，加上具有長花梗而得名。

形態
一年生草本。下部莖橫臥而節上生根，上部斜上或群生呈直立。葉對生，具短柄或幾無柄，葉片倒披針形，銳尖頭，全緣，光滑無毛。花腋生，球狀花序，花白至淡紅色。雄蕊5枚與假小蕊互生。果為囊果，卵狀，黑色細小。

效用
清熱、利尿、解毒之效。治腎臟炎、痢疾、瘡癤、腫毒等。

方例
• 治肺結核咳血：鮮品40-75公克，水煎服。
• 治淋濁：全草鮮品75公克，水煎服。
• 治疔癤：全草鮮品，搗爛調蜜外敷。
• 治蛇傷：鮮品75-150公克，搗汁服，並搗敷。
• 治帶狀疱疹：鮮品全草與臭杏、功勞葉、爵床等，搗汁塗患處。

花腋生，球狀花序

葉片倒披針狀形，銳尖頭

藥用部位及效用

藥用部位
全草

效用
清熱、利尿、解毒之效。治腎臟炎、痢疾、瘡癤、腫毒等。

採收期

 1 2 3 4 5 6
7 8 9 10 11 12

保存

採集地

栽培環境與部位

節節花 *Alternanthera nodiflora* R. Brown

科 名	莧科（Achyranthaceae）	藥 材 名	節節花
屬 名	滿天星屬	別 名	狹葉滿天星、節節菜

形態

一年生草本，莖匍匐而多分枝，全株微有毛，常於節處生根及開花，節上著生一對葉，線形或披針形，長約2cm，寬0.3cm，全緣。白花集生於每節之葉腋，花被5片，雄蕊3枚。瘦果扁圓細小。

效用

治腎臟疾患、痢疾、吐血等。

方例

- 治腎臟疾患：莖葉20公克，水煎服。
- 治吐血：莖葉20-40公克水煎加紅糖服。

▲ 全株具節，於節之葉腋處集生白花而得名，治腎臟病之藥草。

節上著生一對葉，線形或披針形

藥用部位及效用	
藥用部位	
莖葉	
效用	
治腎臟疾患、痢疾、吐血等。	

採收期　　　　　保存　　採集地　　栽培環境與部位

刺莧 *Amaranthus spinosus* L.

科 名	莧科（Achyranthaceae）	藥材名	刺莧
屬 名	莧屬	別 名	假莧菜、白刺莧

▲ 平野自生似食用的莧菜；以莖結處生有銳刺而得名。

形態

一年生草本。莖節生銳刺。葉菱狀卵形，銳頭，短莖上著生大小葉數枚，全緣。穗狀花序，腋生或頂生，頂生花穗長，腋生者較短。苞呈剛毛狀，花細小多數，綠白色。

效用

解熱、利尿、通便、解毒之效；治腎虛、白帶、淋濁、眼疾等。

方例

- 治腎虛：刺莧、白肉豆根、白龍船花、石榴、山葡萄各20公克，半酒水煎服。
- 治白帶、月經不調：與龍船花根、鴨舌癀各20公克燉雞服。
- 治眼疾、消炎、解毒：全草40-75公克，水煎服。
- 治癌瘤：刺莧、橄欖根各20-40公克，燉赤肉加冰糖服。

穗花狀頂生

葉具長柄，菱狀卵形乃至卵狀披針形

莖略帶紅色多分枝，每節生銳刺

藥用部位及效用

藥用部位

全草

效用

解熱、利尿、通便、解毒之效；治腎虛、白帶、淋濁、眼疾等。

採收期　　　　保存　　採集地　　栽培環境與部位

1	2	3	4	5	6
7	8	9	10	11	12

A

雞冠花 *Celosia cristata* L.

科 名	莧科（Achyranthaceae）	藥 材 名	雞冠花
屬 名	青葙屬	別 名	雞冠

▲ 雞冠花頂生變形穗狀花序。

形態

一年生草本；葉長橢圓形。莖頂抽變形穗狀花序之花軸，形如雞冠，紅、黃、白各色；萼片5枚，雄蕊5枚。蓋果卵形，內藏種子3-5枚，種子黑色，細小，具光澤。

效用

種子及花為收斂藥，能止血、止瀉。治痔瘡、血病、赤白痢、腸出血、吐血、流鼻血。花治痔漏、赤白帶下。莖葉治痔瘡、痢疾、吐血、流鼻血、蕁麻疹。

方例

- 治痔瘡、腸出血、流鼻血：種子或花10-20公克，水煎服。
- 治肝病、眼病：種子10-20公克水煎服。
- 治下痢：花煎酒服。

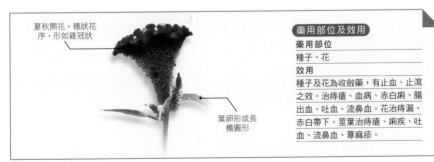

夏秋開花，穗狀花序，形如雞冠狀

葉卵形或長橢圓形

藥用部位及效用

藥用部位
種子、花

效用
種子及花為收斂藥，有止血、止瀉之效。治痔瘡、血病、赤白痢、腸出血、吐血、流鼻血。花治痔漏、赤白帶下。莖葉治痔瘡、痢疾、吐血、流鼻血、蕁麻疹。

採收期

保存

採集地

栽培環境與部位

青葙 *Celosia argentea* L.

科 名	莧科（Achyranthaceae）	藥 材 名	青葙、青葙子（種子）
屬 名	青葙屬	別 名	白雞冠、白桂菊花、野雞冠

▲ 青葙於平野山區自生之草本植物。

始載於《神農本草經》，另有青蒿、草蒿等異名。種子明目，與決明子同功效，有草決明之名；花葉似雞冠，嫩苗似莧，而有野雞冠、雞冠莧的稱呼。

形態
一年生草本，高40-80cm，全株無毛。葉互生，線形乃至披針形，長5-8cm，寬1-2.5cm。穗狀花序，直立，圓錐形，具長梗，花白色或淡紅色，長約3.5cm，徑1.3cm，苞1，小苞2，較萼為短，萼為皮質，披針形，尖頭；雄蕊5枚，基部癒合。種子黑色，細小，具光澤。

效用
莖葉治燥濕清熱、止血。風熱身癢、惡瘡、痔瘡。種子清肝明目，治肝熱目赤、皮膚癢疹、疥瘡。花序治目赤、月經不順。

採收期　　　　　　保存　　採集地　　栽培環境與部位

▲ 穗狀花序直立圓錐形。

方例

- 治惡瘡、金瘡出血、痔漏：全草水煎或搗汁服。
- 治腹瀉、利尿：種子水煎服。
- 治皮膚癢、疥癬：全草或種子，水煎服。

▲ 花白色或淡紅色。

青葙花序藥材

藥用部位及效用

藥用部位

全草、花穗、種子

效用

莖葉治燥濕清熱、風熱身癢、惡瘡、止血、痔瘡。種子治清肝明目，治肝熱目赤、皮膚癢疹、疥瘡。花序治目赤、月經不順。

紫茉莉 *Mirabilis jalapa* L.

科 名	紫茉莉科（Nyctaginaceae）	藥材名	紫茉莉根、煮飯花頭（臺）
屬 名	紫茉莉屬	別 名	胭脂花、粉團花、野茉莉、煮飯花（臺）

▲ 紫茉莉為多年生宿性草本常見於庭園、路旁、平野。

形態

多年生宿根性草本。塊根紡錘形，呈黑褐色。莖節部膨大。葉對生，卵狀三角形，全緣。花1至數朵生於枝端，花瓣無，花被花冠狀，漏斗狀長細管形，先端5裂，果實球形，熟黑。

效用

根有清熱、利尿、活血、散瘀、解毒之效。治淋濁、帶下、癰疽、關節炎、胃潰瘍、肺癆。葉治癰疽、疥癬、創傷。種子磨粉治外用斑痣粉刺。

方例

- 治淋濁、白帶：根與龍船花各10公克，水煎服。
- 治關節炎：根與牛膝各20公克，燉豬腳。
- 治癰疽：取鮮根，去皮加紅糖共搗，外敷患部。

葉對生，卵狀三角形，先端漸尖，基部心形

花被花冠狀，漏斗狀長細管形

藥用部位及效用

藥用部位

根、葉

效用

根有清熱、利尿、活血、散瘀、解毒之效。治淋濁、帶下、癰疽、關節炎、胃潰瘍、肺癆。葉治癰疽、疥癬、創傷。種子磨粉治外用斑痣粉刺。

採收期

保存

採集地

栽培環境與部位

洋商陸 *Phytolacca americana* L.

科名	商陸科（Phytolaccaceae）	藥材名	商陸
屬名	商陸屬	別名	商陸、美洲商陸

▲ 平野山區自生。總狀花序，腋生，果扁圓形。

形態

多年生草本。高60-100cm，直立多汁。葉長12-25cm，寬10-15cm，互生，橢圓形乃至長橢圓形，葉緣波狀。花期夏、秋間，總狀花序，穗狀，腋生，梗短，花小，白色。果熟紫黑色。

效用

逐水、消腫之效。治水腫脹滿、小便不利、慢性腎臟炎、肋膜炎、腹水、腳氣等。外敷無名腫毒。本品有毒用量宜慎。

方例

• 治水腫、癰腫：商陸根鮮品10-20公克，水煎服。
• 治腫毒：商陸鮮葉或根，搗敷患處。
• 治白帶：商陸根鮮品10-20公克，加豬肉燉服。

葉互生，橢圓形

總狀花序，穗狀，腋生，梗短，花小，白色

藥用部位及效用

藥用部位
根部

效用
逐水、消腫之效。治水腫脹滿、小便不利、慢性腎臟炎、肋膜炎或腹水、腳氣等。外敷無名腫毒。本品有毒用量宜慎。

採收期

保存

採集地

栽培環境與部位

129

番杏 *Tetragonia tetragonoides* (Pall.) Ktze.

科 名	番杏科（Aizoaceae）	藥 材 名	番杏
屬 名	番杏屬	別 名	毛菠菜、紐西蘭波菜、法國菠菜、蔓菜

▲ 番杏分布於海岸沙地，一年生草本植物。

形態

一年生草本，全株多肉質，伏地生長密被細毛。葉互生，有柄，肉質，卵狀菱形，長6-10cm，寬3.5-5cm。花腋生，黃色小花，萼上位鐘狀4裂，裂片廣卵形反捲，黃色無瓣；雄蕊6-12；子房下位，花柱4-5裂。核果菱形，邊緣具4-5角狀突起。

效用

清熱解毒、祛風消腫之效。治腸炎、敗血病、疔瘡、眼疾目赤等。並具抗菌作用。全草煎服治胃癌、食道癌。

採收期　　　　　保存　　採集地　　　　栽培環境與部位

1	2	3	4	5	6
7	8	9	10	11	12

A

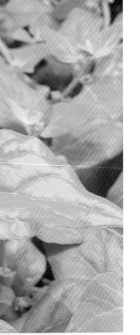

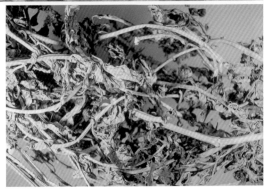

▲ 番杏全株多肉質，密被細毛。

方例

- 治胃癌、食道癌：番杏、菱角、薏苡仁、紫藤各等量，水煎服。
- 治腫毒：番杏鮮品40-75公克水煎服。
- 治疔瘡：番杏20-40公克水煎服，並以鮮品搗敷患處。
- 治皮膚疾患：番杏鮮品，煎汁或搗汁洗患處。

▲ 番杏藥材。

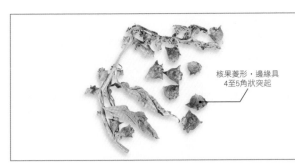

核果菱形，邊緣具4至5角狀突起

藥用部位及效用

藥用部位

全草

效用

清熱解毒、祛風消腫之效。治腸炎、敗血病、疔瘡、眼疾目赤等。並具抗菌作用。全草煎服治胃癌、食道癌。

馬齒莧 *Portulaca oleracea* L.

科 名	馬齒莧科（Portulacaceae）	藥材名	馬齒莧、豬母乳
屬 名	馬齒莧屬	別 名	豬母乳、豬母草、豬母菜

▲ 開小黃花之肉質草本植物。

形態

一年生草本，全株多肉質，莖臥伏略帶紅色。葉倒卵
形，全緣。小黃花，頂生，簇出或腋生，單立，萼片
2枚，廣橢圓形，基部合生。花瓣5枚，長橢圓形，
凹頭，雄蕊12枚，雌蕊1枚，子房下位，柱頭5裂。
蒴果橫裂，種子細小。

效用

消炎、解毒、涼血、止痢、消腫、殺蟲之效。治糖尿
病、痢疾、腳氣水腫，為解毒治瘡藥，並有消炎、利
尿作用。

方例

• 治糖尿病：與咸豐草、紅乳草各20公克水煎服。
• 治糖尿病、痢疾：與紅乳草各20公克燉赤肉服。
• 治高血壓：全草鮮品40-75公克，水煎服。
• 治各種癰腫：鮮品配四米草、爵床搗敷。

夏秋季開小黃花

葉倒卵形，頂端圓
形，基部楔形

藥用部位及效用

藥用部位

全草

效用

消炎、解毒、涼血、止痢、消腫
、殺蟲之效。治糖尿病、痢疾、
腳氣水腫，為解毒治瘡藥，並有
消炎、利尿作用。

採收期　　　　　　　保存　　採集地　　栽培環境與部位

土人參 *Talinum triangulare* Willd.

| 科 名 | 馬齒莧科（Portulacaceae） | 藥 材 名 | 土人參、參仔葉 |
| 屬 名 | 假人參屬 | 別 名 | 櫨蘭、假人參、參仔葉、波世蘭 |

▲ 常見於平野、田園，根形似人參而得名。

形態
多年生草本。葉肉質，互生，倒卵狀長橢圓形，全緣。圓錐花序頂生，花多數紫紅色，花梗細長。花瓣5片，雄蕊多數。蒴果熟呈紅褐色。

效用
莖葉解熱、消腫退癀、治腫瘍，外用搗敷腫毒。

方例
- 消腫退癀：土人參鮮葉搗敷患部。
- 消炎、鎮痛：全草20公克，水煎服。
- 滋補藥：根去皮燉肉服；鮮嫩葉炒食。
- 治尿毒病、糖尿病：與咸豐草各20公克水煎服。
- 治多尿症：與金櫻根10公克水煎服。

莖圓柱形
葉肉質，互生，倒卵形或倒卵狀長橢圓形

藥用部位及效用
藥用部位
莖葉、根部
效用
莖葉解熱、消腫退癀、治腫瘍，外用搗敷腫毒。

採收期　保存　採集地　栽培環境與部位

133

落葵 *Basella rubra* L.

科 名	落葵科（Basellaceae）	藥 材 名	落葵、蟳公菜
屬 名	落葵屬	別 名	蟳廣菜、蟳公菜、藤菜、藤葵

▲ 平野常見的綠色肉質狀藤本植物。

形態

一年生蔓性草本。全草光滑，肉質，呈綠或紫紅色。葉廣卵形，肉質肥厚全緣。夏開紫紅色花，穗狀花序，腋生，花兩性，甚小。漿果球形，熟呈紫黑色，內含種子一枚。

效用

解熱、利尿、通便、消腫退癀之效。外敷癰疔、無名腫毒。

方例

- 腫毒：莖葉與秤飯藤、龍葵、水丁香、咸豐草等鮮草搗敷患部。
- 敷癤疽：與水丁香、六角英、三腳別、半夏等鮮草共搗敷。
- 治癰疔：蟳公菜、龍葵、咸豐草、六月雪鮮草共搗敷。
- 治大便秘結：鮮落葵葉煮作副食。
- 治外傷出血：鮮落葵葉和冰糖共搗爛敷患處。

葉廣卵形，全緣

全草光滑肉質，呈綠色或紫紅色

藥用部位及效用	
藥用部位	
莖葉	
效用	
解熱、利尿、通便、消腫退癀之效。外敷癰疔、無名腫毒。	

採收期

保存

採集地

栽培環境與部位

藤三七

Boussingaultia gracilis Miers var. *pseudobaselloides* Bailey

科 名	落葵科（Basellaceae）	藥 材 名	藤三七
屬 名	藤三七屬	別 名	洋落葵、藤子三七、雲南白藥（誤）

▲ 原產南美洲，形態如落葵，而珠芽如雲南白藥之主藥「三七」中藥材形狀，而有藤三七、雲南白藥之稱。近年來引進為藥用植物栽培，並普遍作疏食，誤稱為川七。故有洋落葵之名。

形態

肉質藤本。葉互生，肉質，卵圓形，全緣。葉腋節上生瘤塊狀珠芽。花期冬初至春夏，長穗狀花序腋生；花多數而密生，花小，白綠色，花冠5瓣。漿果球形，熟呈暗黑紫色。

效用

珠芽有滋養營養、強壯腰膝、消腫散瘀之效。治病後體弱、腰膝痠痛、糖尿病、尿毒、骨折、跌打傷。葉治習慣性便秘、腫毒等。

方例

• 治腰膝痠痛：藤三七珠芽20公克，燉瘦肉服。
• 治跌打傷、腫毒：藤三七珠芽或葉鮮品搗敷患處。
• 治習慣性便秘：取藤三七鮮葉，炒煮食。

藤三七珠芽

藥用部位及效用

藥用部位
珠芽、葉

效用
珠芽有滋養營養、強壯腰膝、消腫散瘀之效。治病後體弱、腰膝痠痛、糖尿病、尿毒、骨折、跌打傷。葉治習慣性便秘、腫毒。

採收期

保存

採集地

栽培環境與部位

狗筋蔓 *Cucubalus baccifer L.*

科 名	石竹科（Caryophyllaceae）	藥 材 名	狗筋蔓、白牛膝
屬 名	狗筋蔓屬	別 名	太極草、狗奪子、水筋骨、鵝腸菜

▲ 山野多見蔓性植物，果實球形，黑熟。

形態

多年生蔓性草本，全草有毛。葉對生，長橢圓形，先端尖，柄短。葉腋抽綠白色花，花瓣5片，2裂，萼廣鐘形，5裂；雄蕊10枚。果實球形，黑熟，外附皿狀之宿存萼。

效用

具解毒、祛瘀、止痛之效。治骨折、打傷、風濕關節痛、腫毒等。

方例

- 治風濕關節痛：與牛膝根、芙蓉根、赤芍藥以及威靈仙各12公克，燉排骨服。
- 治風濕痛：與威靈仙、防風、白芷、牛膝各8公克，當歸、川芎、白朮各4公克，半酒水煎服。
- 治腫毒、跌打傷：鮮莖葉搗敷患部。

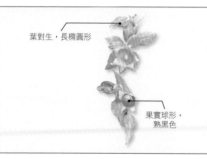

葉對生，長橢圓形

果實球形，熟黑色

藥用部位及效用

藥用部位

全草

效用

解毒、祛瘀、止痛。治骨折、打傷、風濕關節痛、腫毒等。

採收期

| 1 | 2 | 3 | 4 | 5 | 6 |
| 7 | 8 | 9 | 10 | 11 | 12 |

保存

A

採集地

栽培環境與部位

菁芳草

Drymaria cordata Willd. subsp. *diandra* (Blume) I. Duke ex Hatusima L.

科 名	石竹科（Caryophyllaceae）	藥 材 名	河乳豆草
屬 名	荷蓮豆草屬	別 名	河乳豆草、荷蓮豆草、對葉蓮

▲ 菁芳草常成群落生長。

形態
一年生草本。葉對生，心臟形，全緣。綠白色小花，花5枚，花瓣2裂，花柱3裂，萼及花梗具腺毛。蒴果圓形，細小，具宿存萼。

效用
消炎、解毒之效。消腫毒、治蛇傷、跌打傷等。

方例
- 解熱、治小腸風、腹痛：全草鮮品20-40公克，水煎服。
- 治蛇傷：鮮品75公克，半酒水煎服，並搗敷患處。
- 治酒後傷風：全草與馬鞭草各20公克，水煎服。

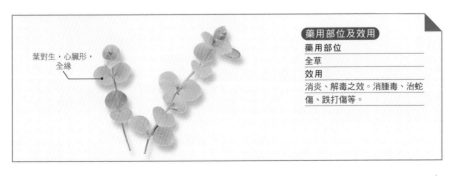

葉對生，心臟形，全緣

藥用部位及效用

藥用部位
全草

效用
消炎、解毒之效。消腫毒、治蛇傷、跌打傷等。

採收期

| 1 | 2 | 3 | 4 | 5 | 6 |
| 7 | 8 | 9 | 10 | 11 | 12 |

保存

A

採集地

栽培環境與部位

20
/
25

威靈仙 *Clematis chinensis* Osbeck

科 名	毛茛科（Ranunculaceae）	藥 材 名	威靈仙
屬 名	鐵線蓮屬	別 名	能消、靈仙

▲ 威靈仙為山野常見多年生攀緣性藤本。

形態

多年生攀緣性藤本。葉對生，三出複葉，小葉通常5片，卵狀披針形，全緣。花期5-6月，圓錐花序，腋生或頂生，萼花瓣狀，倒卵形白色。果期6-7月，瘦果扁平狀卵形，具短毛。

效用

祛風濕、通經絡、止痛、利尿之效。治痛風、腰膝四肢疼痛、扁桃腺炎等；並為解熱、鎮痛、利尿、通經藥。

方例

- 祛風濕、腰膝四肢疼痛：威靈仙根，搗細為散，每食前以溫酒調4公克服。或威靈仙、牛膝各10公克，半酒水燉排骨服。
- 治風濕痛：威靈仙、防風、白芷、牛膝、防己各8公克，當歸、川芎、白朮各4公克，半酒水煎服。
- 治風濕痛：威靈仙鮮葉、功勞葉等，搗敷患處關節，隔數小時換之。

花萼倒卵形白色

三出複葉

藥用部位及效用

藥用部位
根部

效用
祛風濕、通經絡、止痛、利尿之效。治痛風、腰膝四肢疼痛、扁桃腺炎等；並為解熱、鎮痛、利尿、通經藥。

採收期　　　　　　　保存　　採集地　　栽培環境與部位

138

厚葉鐵線蓮 *Clematis crassifolia* Benth.

科 名	毛莨科（Ranunculaceae）	藥材名	鐵線蓮
屬 名	鐵線蓮屬	別 名	鐵線蓮

▲ 低、中海拔常見之藤本植物，厚革質的葉片是其特徵。

▲ 木質藤本，光滑無毛。

形態

木質藤本，光滑無毛，莖木栓化有裂縫，嫩枝圓柱形。葉具葉柄，三出複葉，廣卵形或橢圓形長約10cm，寬7cm，全緣。花多數花序腋生。苞片相當小。萼片4，散開，狹長橢圓形，內面及邊緣有白色綿毛。花藥比波狀花絲短很多，瘦果卵形，具疏長毛。

效用

根具祛風濕、止痛、利尿之功效。治風濕痛及跌打傷。莖有利尿作用，治水腫。

方例

- 治風濕痛：鐵線蓮、牛膝、防風、白芷、白朮、川芎各8公克，水煎服。
- 治跌打傷：鐵線蓮、虎杖、尖尾風、莪朮各10公克，半酒水煎服。

三出複葉，小葉具小葉柄

莖木栓化有裂縫，嫩枝圓柱形

藥用部位及效用

藥用部位

根、莖

效用

根具祛風濕、止痛、利尿之功效。治風濕痛及跌打傷。莖有利尿作用，治水腫。

採收期

保存　採集地　栽培環境與部位

臺灣鐵線蓮 *Clematis formosanaa Ktze.*

科 名	毛茛科（Ranunculaceae）	藥 材 名	鐵線蓮
屬 名	鐵線蓮屬	別 名	大葉牡丹藤、大葉女萎、鐵線蓮

▲ 山野常見多年生攀緣性草本。

形態

多年生攀緣性藤本。葉具短柔毛，羽狀複葉，小葉膜質，2或3裂，裂片長橢圓形，花白色，聚繖花序，呈圓錐形，具少數花，萼4片花瓣狀白色。唯於花序梗之下端具小苞片1對，葉狀卵形，與串鼻龍區別。

效用

葉有解熱消炎、解毒之效，治腫毒、創傷、皮膚病。根有祛風濕、止痛、利尿之效。

方例

- 治腫毒、創傷：取鮮葉、落地生根葉、功勞葉、四米草，搗敷患部。
- 治蛇傷：鮮葉與菁芳草、功勞葉、四米草搗敷。

花序梗之下端具小苞1對

葉狀卵形

藥用部位及效用

藥用部位

葉具短柔毛，羽狀複葉

效用

葉有解熱消炎、解毒之效，治腫毒、創傷、皮膚病。根有祛風濕、止痛、利尿之效。

採收期

保存

採集地

栽培環境與部位

串鼻龍 *Clematis gouriana* Roxb.

科 名	毛茛科（Ranunculaceae）	藥 材 名	串鼻龍、木通（莖代用）
屬 名	鐵線蓮屬	別 名	綴鼻草、威靈仙（誤）

▲ 平野常見之多年生攀緣性藤本。

形態

多年生攀緣性藤本，全株被毛。葉對生，三出複葉，小葉3淺裂，卵狀長橢圓形及3裂為掌狀，均具不規則粗鋸齒緣，基部鈍形，先端銳尖。花多數，聚繖花序，呈圓錐形，花白色，徑約1cm，萼4片，花瓣狀，白色。多數瘦果組成聚合果，冠毛鬚毛狀。

效用

葉解熱消炎、解毒，治腫毒、創傷、皮膚病。根有祛風濕、止痛、利尿之效。莖利尿，治水腫。

方例

- 治腫毒、創傷：串鼻龍、落地生根、功勞葉、四米草等鮮葉，搗爛，加黃柏粉，敷患部。
- 治蛇咬傷：鮮葉搗敷患部。
- 治風濕痛：鮮葉與功勞葉，搗敷患部，隔日施藥。

聚繖花序，呈圓錐形

葉對生，三出複葉

藥用部位及效用

藥用部位

葉、根莖

效用

葉有解熱消炎、解毒之效，治腫毒、創傷、皮膚病等。根有祛風濕、止痛、利尿之效。莖利尿，治水腫。

採收期

保存

採集地

栽培環境與部位

薄單葉鐵線蓮 *Clematis henryi* Oliv. var. *leptophylla* Hay.

科 名	毛莨科（Ranunculaceae）	藥材名	鐵線蓮
屬 名	鐵線蓮屬	別 名	亨氏鐵線蓮、薄葉鐵線蓮

▲ 山野多見之多年生攀緣性藤本，葉單生，卵狀披針形。

形態

多年生攀緣性藤本。葉單葉，膜質，卵狀至披針形，長12-15cm，寬5-7cm，疏細鋸齒緣，3出脈，花腋生，單生或成對。萼4片，卵形，瘦果長橢圓形，具粗毛，有短尾。

效用

葉治腫毒、創傷。莖有利尿之效。根有袪風濕、活血、通經、利尿、鎮痛之效。

方例

- 治腫毒：鮮葉適量搗敷患部。
- 治風濕痛：取根20-40公克，半酒水燉排骨或雞服。
- 治小便不利：取莖20-40公克，水煎服。

葉單葉，膜質，卵狀至披針形

花腋生，萼4片，卵形

藥用部位及效用

藥用部位

葉、莖、根

效用

葉治腫毒、創傷。莖有利尿之效。根有袪風濕、活血、通經、利尿、鎮痛之效。

採收期

1	2	3	4	5	6
7	8	9	10	11	12

保存

採集地

栽培環境與部位

小木通 *Clematis lasiandra* Maxim. var. *nagasaulai* Hayata

科 名	毛茛科（Ranunculaceae）	藥 材 名	小木通、木通（莖代用）
屬 名	鐵線蓮屬	別 名	玉山小木通、玉山絲瓜花

▲ 中海拔山區蔓藤類植物，懸掛著紫紅色燈籠般的小花。

形態

多年生藤本。葉對生，羽狀複葉，小葉3-5枚，葉片卵狀披針形，鋸齒緣。圓錐花序，3至多數。花被紫紅色，4枚，被片長橢圓形，雄蕊多數4列，花絲密生細長毛。心皮多數。瘦果，具羽狀冠毛。

效用

根有舒筋活血、利尿、袪風濕、解毒止痛之效。治風濕痛、小便不利、水腫、尿路感染、無名腫毒。莖為利尿、治水腫。

方例

• 治風濕關節痛：小木通、防風、威靈仙、白芷、牛膝、防己各8公克，當歸、川芎、白朮各12公克，半酒水煎服。

• 治尿路感染：小木通、車前子、生蒲黃、萹蓄各12公克，水煎服。

圓錐花序，花被紫紅色

葉對生，羽狀複葉

藥用部位及效用

藥用部位

莖

效用

根有舒筋活血、利尿、袪風濕、解毒止痛之效。治風濕痛、小便不利、水腫、尿路感染、無名腫毒。莖為利尿、治水腫。

採收期

保存

採集地

栽培環境與部位

143

銹毛鐵線蓮 *Clematis leschenaultiana* DC.

科 名	毛茛科（Ranunculaceae）	藥 材 名	銹毛鐵線蓮
屬 名	鐵線蓮屬	別 名	毛木通、鏽毛鐵線蓮

▲ 全株具金黃色或鏽色密柔毛。

▲ 花及果實。

形態

多年生攀緣性藤本。全株具金黃色或鏽色密柔毛。葉三出，小葉卵形，不明顯齒牙，兩側小葉基部歪斜。圓錐花序，具少數花，梗長，萼片4枚，卵形，尖銳，外面有金黃色柔毛，花絲有毛茸。瘦果具毛茸，紡錘形，明顯2稜，具長毛尾部。

效用

葉治腫毒、創傷。根有祛風濕、活血通經、利尿、鎮痛之效。莖充當木通使用，有利尿作用。

方例

- 治腫毒：鮮葉適量，搗敷患部。
- 治風濕痛：取根與牛膝各20公克，半酒水燉排骨服。
- 治小便不利：莖10-20公克，水煎服。

葉三出，小葉卵形

全株具金黃色或鏽色密柔毛

藥用部位及效用

藥用部位
葉、根部、莖

效用
葉治腫毒、創傷。根有祛風濕、活血通經、利尿、鎮痛之效。莖充當木通使用，有利尿作用。

採收期　　　　保存　　採集地　　栽培環境與部位

邁氏鐵線蓮 *Clematis meyeniana* Walp.

科 名	毛莨科（Ranunculaceae）	藥材名	鐵線蓮
屬 名	鐵線蓮屬	別 名	毛柱鐵線蓮、鐵線蓮

▲ 低至中海拔山野叢林常見之植物。具有似威靈仙之功效。

形態

多年生蔓藤植物。三出葉，近革質。小葉卵狀披針形，全緣，葉基部圓形，長約6.5cm，3-5脈。葉背脈明顯突起。花白色，徑2-2.5cm，腋生聚繖花序或圓錐花序。苞片小，線形。萼片4，長橢圓形，邊緣密生柔毛。花絲線形，平滑。蒴果略扁平，具黃色疏長毛有宿存花柱。

效用

根具祛風濕、止痛、利尿之功效。治風濕痛及跌打傷。莖利尿，治水腫。

方例

• 治風濕痛：鐵線蓮、牛蒡、防風、白芷、白朮、川芎各8公克，水煎服。
• 治跌打傷：鐵線蓮、虎杖、尖尾風、莪朮各10公克，半酒水煎服。

三出葉，近革質，小葉卵狀披針形

藥用部位及效用

藥用部位
根、莖
效用
根具祛風濕、止痛、利尿之功效。治風濕痛及跌打傷。莖利尿，治水腫。

採收期

1	2	3	4	5	6
7	8	9	10	11	12

保存

採集地

栽培環境與部位

毛果鐵線蓮 *Clematis trichocarpa* Tamura

科 名	毛茛科（Ranunculaceae）	藥 材 名	毛果鐵線蓮、鐵線蓮
屬 名	鐵線蓮屬	別 名	華南大蓼

▲ 山野蔓藤類的植物，開著成串的白色小花。

形態

多年生藤本。葉對生，三出複葉，葉片長卵狀披針形，全緣。聚繖花序圓錐狀，腋生，具長梗。花白色，微香，花被4枚，披針形。雄蕊多數，花絲線形。瘦果紡錘形，宿存羽狀冠毛。

效用

根有祛風濕、通經絡、止痛、解毒之效。治風濕痛、扁桃腺炎、水腫、偏頭痛。莖利尿，治水腫。

方例

• 治風濕關節痛：鐵線蓮根、防風、白芷、牛膝、當歸、川芎、白术各8公克，半酒水煎服。
• 治水腫：鐵線蓮莖20公克，水煎服。
• 治風濕痛：根與蘄艾各12公克，半酒水煎服。

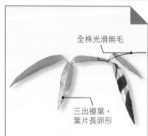

全株光滑無毛

三出複葉，
葉片長卵形

藥用部位及效用

藥用部位
根、莖

效用
根有祛風濕、通經絡、止痛、解毒之效。治風濕痛、扁桃腺炎、水腫、偏頭痛。莖利尿，治水腫。

採收期

保存　　採集地　　栽培環境與部位

琉球鐵線蓮 *Clematis tashiroi* Maxim.

科 名	毛茛科（Ranunculaceae）	藥 材 名	琉球鐵線蓮、鐵線蓮
屬 名	鐵線蓮屬	別 名	田代氏鐵線蓮、塔山仙人草、琉球大蓼

▲ 山野多見之多年生攀緣性藤本。

形態

多年生攀緣性藤本。三出葉或羽狀複葉，3-5小葉，葉柄纏繞性。葉對生，長橢圓形，先端尖銳，基部心形，全緣，葉背白色。托葉癒合於莖節上呈盾狀。圓錐花序，5-8朵花，花白色，萼片披針形，外被密茸毛。瘦果上部具羽狀尾。

效用

葉治腫毒，莖治小便不利，根治風濕痛、腰膝冷痛、腳氣、癥瘕積聚等。

方例

• 治腫毒：取鮮葉搗敷患部。
• 治關節炎：取根與威靈仙、牛膝、白芷、防風各10公克，半酒水煎。
• 治小便不利、水腫：莖20公克，水煎服。

▲ 托葉癒合於莖節上呈盾狀。

托葉癒合於莖部呈盾狀

藥用部位及效用

藥用部位
葉、莖、根

效用
葉治腫毒，莖治小便不利，根治風濕痛、腰膝冷痛、腳氣、癥瘕積聚等。

採收期

保存

採集地

栽培環境與部位

五加葉黃連 *Coptis quinquefolia* Miq.

科 名	毛茛科（Ranunculaceae）	藥 材 名	本黃連、鳳尾連（全草）
屬 名	黃連屬	別 名	臺灣黃連、鳳尾連

▲ 臺灣特有植物，產於中海拔地區。葉似五加而得名。

形態

多年生草本，高7-12cm，根莖橫走圓柱狀。葉叢生根際，有長柄，5裂。小葉倒卵形，基部楔形，二至三淺裂，有銳齒。花於葉間抽出花莖，頂開一白色小花；萼5片，似花瓣，倒卵狀長橢圓形；雄雌蕊均多數。蓇葖果有柄，呈輪狀纖形排列。

效用

苦味健胃劑，治消化不良、腸炎、下痢、嘔吐、腹痛、吐血、流鼻血、高血壓、解毒、疔瘡等。並有抗菌作用。

方例

• 治胃腸炎、嘔吐及腹痛：根莖3-4公克煎服。
• 解毒：黃連與配伍藥為黃連解毒湯方劑。
• 治高血壓：黃連與大黃、黃芩配方劑為三黃瀉心湯等，或與其他配伍藥之方劑數十種。

根莖橫走圓柱狀

小葉倒卵形，基部楔形，二至三淺裂，有銳齒

藥用部位及效用

藥用部位

根莖

效用

苦味健胃劑，治消化不良、腸炎、下痢、嘔吐、腹痛、吐血、流鼻血、高血壓、解毒、疔瘡等。並有抗菌作用。

採收期

| 1 | 2 | 3 | 4 | 5 | 6 |
| 7 | 8 | 9 | 10 | 11 | 12 |

保存

採集地

栽培環境與部位

小白頭翁 *Eriocapitella vitifolia* (Buch.-Ham.) Nakai

科 名	毛茛科（Ranunculaceae）	藥 材 名	白頭翁
屬 名	小白頭翁屬	別 名	臺灣秋牡丹、野棉花、三輪草、老翁鬚

形態

多年生草本，被絨毛，莖直立，根際葉簇生，三出，側小葉不等四邊形，複齒緣，中小葉稍大於側小葉。夏開白花，繖房花序，頂生，萼片5。瘦果球形集生，種子具棉花狀纖維以利散播。

效用

根有鎮靜、止痛、清熱、涼血、止痢、通經之效。治腫毒、頭痛、腹痛、下痢、疔瘡。莖葉治流鼻血、目翳。

方例

- 治下痢、喉痛：小白頭翁、黃連、木香各10公克水煎服。
- 治傷寒、熱痢：與黃連、秦皮、黃柏各10公克水煎服。
- 治月經不調、經閉：與人參、白朮、香附、茯苓、當歸、炙甘草各4公克，加水煎服。
- 治膽道蛔蟲病：莖葉與使君子各12公克，水煎服。

▲ 中海拔山野開著白色花、果實為淡紅色之小球，熟呈似棉花狀。如白頭髮的老翁，而得名。

複齒緣，基部楔形

莖多年生草本

藥用部位及效用
藥用部位
根、莖葉
效用
根有鎮靜、止痛、清熱、涼血、止痢、通經之效。治腫毒、頭痛、腹痛、下痢、疔瘡。莖葉治流鼻血、目翳。

採收期

保存

採集地

栽培環境與部位

毛茛 *Ranunculus japonicus* Thunb.

科 名	毛茛科（Ranunculaceae）	藥 材 名	毛茛、大本山芹菜
屬 名	毛茛屬	別 名	毛蓳、大本山芹菜、小金鳳花

▲ 毛茛為多年生草本植物，全株被白色粗毛。

形態

多年生草本植物，全株被白色粗毛。葉互生，3裂，小葉廣卵形，更分3裂，裂片缺刻呈鈍鋸齒狀，葉背面具毛。花頂生或腋出，黃色，花瓣5枚，橢圓形全緣；萼片5枚；雄蕊多數；毬果球形，附著多數果實，呈扁鉤曲狀。

效用

全草治瘧疾、黃疸、偏頭痛、胃痛、風濕關節痛。葉外敷癰腫、惡瘡、疥癬。果實為止血劑。

方例

• 治癰腫、惡瘡、疥癬：鮮葉搗敷或搗汁洗患處。
• 治偏頭痛、胃痛：全草20公克，燉赤肉服。
• 治皮膚病：全草煎汁洗患處。

花黃色

葉面具光澤，背面具毛

藥用部位及效用

藥用部位
全草、葉、果實

效用
全草治瘧疾、黃疸、偏頭痛、胃痛、風濕關節痛。葉外敷癰腫、惡瘡、疥癬。果實為止血劑。

採收期
1	2	3	4	5	6
7	8	9	10	11	12

保存

採集地

栽培環境與部位

臺灣木通 *Akebia longeracemosa* Matsum.

科 名	木通科（Lardizabalaceae）	藥 材 名	本木通、烏入石
屬 名	木通屬	別 名	臺灣野木瓜、五葉長穗木、通草

▲ 山野之藤本植物，掌狀複葉，小葉5枚。

形態

落葉藤本，葉具長柄，掌狀複葉，小葉5枚，長橢圓形，先端凹，基部楔形，具短小葉柄。雌雄同株；花暗紫紅色，雄花25-30朵，總狀排列，花小而密生，花被3枚，小苞線形，雄蕊6枚；雌花少，大形，花被3枚，心皮3枚。漿果長圓形，熟呈暗紫色。

效用

莖有利尿、行血、瀉火、通淋之效，治風濕、跌打傷、瘡毒、小便不利、水腫等。

方例

• 治風濕痠痛：莖與黃金桂、淡竹葉、桑枝、豨薟、甜珠仔草、一枝香、鐵釣竿各10公克，水煎服。
• 治風濕痛：本木通40-75公克，半酒水燉排骨服。
• 治跌打傷：本木通20公克，赤芍藥、骨碎補、尖尾風、虎杖各10公克，半酒水煎服。

掌狀複葉，小葉長橢圓形

漿果長圓形，熟呈暗紫色

藥用部位及效用

藥用部位

莖

效用

莖有利尿、行血、瀉火、通淋之效，治風濕、跌打傷、瘡毒、小便不利、水腫等。

採收期

1	2	3	4	5	6
7	8	9	10	11	12

保存　A

採集地

栽培環境與部位

15/25

151

八角蓮 *Dysosma pleiantha* (Hance) Woodson

科 名	小蘗科（Berberidaceae）	藥 材 名	八角蓮
屬 名	多角蓮屬	別 名	八角連

▲ 葉形盾狀，葉緣6-8淺裂。

形態

多年生草本，根莖橫走，地上莖高約40cm，分為二叉，各具一葉，葉形盾狀，葉緣6-8淺裂，鋸齒緣。4-5月由地上莖頂，開5-8朵紫紅色花，花下垂，徑4-8cm，花瓣黃褐色，細小，基部具蜜腺，萼片暗紫紅色，花瓣狀，具苞片。漿果橢圓形。

效用

為蟲、蛇咬傷之解毒藥。治蛇傷，並有抗癌作用。本品有毒，用量宜慎。

方例

- 治蛇咬傷、腹痛、乳癌、痛風：根莖4-8公克，半酒水煎服。
- 治腹痛：八角蓮4公克、白花仔草、虱母子根及咸豐草各10公克，水煎服。

根莖橫走

藥用部位及效用

藥用部位
根莖
效用
為蟲、蛇咬傷之解毒藥。治蛇傷，並有抗癌作用。本品有毒，用量宜慎。

採收期

保存　採集地　栽培環境與部位

狹葉十大功勞 *Mahonia fortunei* (Linadl.) Fedde

科 名	小蘗科（Berberidaceae）	藥材名	十大功勞
屬 名	十大功勞屬	別 名	細葉十大功勞、十大功勞、功勞木

形態

多年生常綠灌木。葉互生，葉柄基部鞘狀抱莖，奇數羽狀複葉，小葉7-13枚，對生，葉片長狹披針，疏鋸齒針尖緣。總狀花序，頂生枝端芽鱗腋間，數序叢生。花兩性，多數密生。苞鱗片狀。花萼9枚，花瓣6片，黃色。雄蕊6枚，柱頭頭狀。漿果球形，熟時藍黑色，被蠟質。

效用

全株有清熱解毒，消炎止痢。治肝炎、黃疸、胃炎、痢疾。根及莖治細菌性痢疾，胃腸炎、創傷發炎。葉有清熱解毒、止血。治感冒發熱，目赤疼痛。

方例

- 治胃腸炎、痢疾：功勞葉、紅乳草各12公克，水煎服。
- 治眼結膜炎：功勞葉、蒺藜、密蒙花各10-16公克水煎服。
- 治跌打傷：與虎杖、莪朮各12公克，加酒燉瘦肉服。

▲ 多年生常綠灌木，奇數羽狀複葉。

葉互生，奇數羽狀複葉

藥用部位及效用

藥用部位

莖、葉

效用

全株有清熱解毒，消炎止痢。治肝炎、黃疸、胃炎、痢疾。根及莖治細菌性痢疾，胃腸炎、創傷發炎。葉有清熱解毒、止血。治感冒發熱，目赤疼痛。

採收期

1	2	3	4	5	6
7	8	9	10	11	12

保存　

採集地

栽培環境與部位

十大功勞 *Mahonia japonica* DC.

科名	小蘗科（Berberidaceae）	藥材名	功勞葉（葉）、黃心樹（根及莖）
屬名	十大功勞屬	別名	功勞葉、黃心樹、鐵八卦

▲ 常綠灌木，奇數羽狀複葉。

形態

常綠灌木。葉叢生枝端，奇數羽狀複葉，小葉5-8對，長橢圓形或卵狀披針形，疏鋸齒緣針狀，革質光滑。春開黃花，總狀花序，花瓣及萼片均為黃綠色；漿果卵圓形。

效用

葉為清涼性滋養強壯，健脾胃。治四肢痠痛、腸炎等。根及莖為健胃、解熱，治水腫、腎臟炎、膀胱炎、消化不良、痢疾、黃疸等。

方例

* 治脾胃虛弱、食慾不振、四肢痠痛：功勞葉10-20公克，水煎服。
* 治跌打傷：葉與紅川七、犁壁草、內葉刺各20公克，半酒水燉瘦肉服。
* 治腸炎：功勞葉水煎服。
* 治消化不良、下痢、黃疸：十大功勞莖10-20公克，水煎服。

葉叢生枝端，奇數羽狀複葉

藥用部位及效用
藥用部位
葉、根及莖
效用
葉為清涼性滋養強壯，健脾胃。治四肢痠痛、腸炎等。根及莖為健胃、解熱，治水腫、腎臟炎、膀胱炎、消化不良、痢疾、黃疸等。

採收期

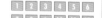

保存 　採集地 　栽培環境與部位

蓬萊藤 *Pericampylas formosanus* Diels

科 名	防己科（Menispermaceae）	藥 材 名	畚箕藤、畚箕篤藤
屬 名	蓬萊藤屬	別 名	台灣青藤、畚箕藤、畚箕篤藤

▲ 葉片如心形，似畚箕之狀。昔日民間利用藤莖，製作畚箕之把手，而得名畚箕藤、畚箕篤藤。

形態

多年生常綠藤本植物。莖細柱形。葉互生，具長柄，葉片心形至廣卵形，基部近圓形，先端銳尖，全緣。聚繖花序，生葉腋，花多數，小形，花苞6枚，花萼6枚，花瓣6枚，倒卵形。雄花具雄蕊6枚，雌花具退化雄蕊6枚，花柱3深裂。核果近球形，熟呈紅色。

效用

根及粗莖有通經絡、利濕、祛風、鎮靜、止痛、解毒之效。治風濕關節痛、腰膝痠痛、跌打傷、頭痛、腹痛等。

方例

• 治風濕關節痛：蓬萊藤、牛膝、威靈仙各10公克，水煎服。
• 治頭痛：蓬萊藤10-16公克，水煎服。
• 治跌打傷：蓬萊藤、虎杖、骨碎補各10公克，半酒水燉瘦肉服。

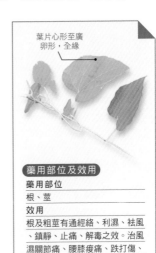

葉片心形至廣卵形，全緣

藥用部位及效用

藥用部位
根、莖

效用
根及粗莖有通經絡、利濕、祛風、鎮靜、止痛、解毒之效。治風濕關節痛、腰膝痠痛、跌打傷、頭痛、腹痛等。

採收期　　　保存　　　採集地　　　栽培環境與部位

155

木防己 *Cocculus orbiculata* (L.) DC.

科 名	防己科（Menispermaceae）	藥 材 名	木防己、鐵牛入石
屬 名	木防己屬	別 名	防己、青木香、鐵牛入石、土牛入石

▲ 多年生藤本植物，葉片廣卵形。本草典籍收載，言氣從中貫如木通，名木防己。

形態

多年生藤本植物，莖纏繞性，幼莖細長密生柔毛，具條紋。葉互生，具柄，葉片廣卵形或卵狀橢圓形，常3淺裂，長3-10cm，寬2-5cm，基部近截形，先端急尖，近

採收期

保存

採集地

栽培環境與部位

▲ 木防己藥材。

心形，全緣或微波緣，兩面被柔毛。花單性，雌雄異株，雄花聚繖狀圓錐花序，腋生。花萼6枚，花冠淡黃色，花瓣6枚，卵狀披針形，頂端2裂。雌花序較短，小花數較少，與雄花相似。核果近球形，熟時藍黑色。

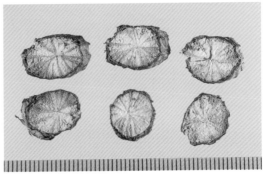

▲ 木防己藥材。

效用

根及莖有祛風、止痛、行水、消腫、壯筋骨。治風濕痛、神經痛、水腫、瘡癤癰腫、跌打傷等。

方例

- 治風濕關節炎、肋間神經痛：木防己，牛膝各10-16公克，水煎服。
- 治感冒、咽喉腫痛：木防己、豨薟草各10公克，水煎服。
- 治腎炎、水腫：木防己12公克，車前草20公克，水煎服。

根圓柱形多彎曲，具環狀紋及皮目

藥用部位及效用

藥用部位

根、莖

效用

根及莖有祛風、止痛、行水、消腫、壯筋骨。治風濕痛、神經痛、水腫、瘡癤癰腫、跌打傷等。

千金藤 *Stephania japonica* Miers.

科 名	防己科（Menispermaceae）	藥 材 名	千金藤、犁壁藤
屬 名	千金藤屬	別 名	金線吊龜、犁壁藤、犁壁草

▲ 多年生常綠藤木，葉片盾形。

形態

多年生常綠藤木。葉互生，具長柄，葉片盾形，廣卵形，寬約5cm，全緣。複繖花序，腋生，多數淡綠色小花，雌雄異株，花瓣3-4片，雄蕊6枚，萼片6-8枚，雌花花瓣及萼片3-4枚。核果球形，紅熟。

效用

治血毒、霍亂、虛勞、瘰癧、痰咳、癰疽腫毒。塊根治腹痛、傷風及痢疾。

方例

• 腰痠痛：取莖20-40公克，水煎服。
• 治跌打瘀血：千金藤與金不換、紅花、蘇木及小返魂各8公克，水煎服。
• 治跌打傷、痢疾：莖20-40公克半酒水煎服。
• 治蛇傷：莖加酒煎服，並煎汁外用洗患處。
• 治頭痛：與蒼耳子，水煎服。

核果球形，夏季紅熟

藥用部位及效用

藥用部位

全草

效用

治血毒、霍亂、虛勞、瘰癧、痰咳、癰疽腫毒。塊根治腹痛、傷風及痢疾。

採收期 　　　　　　　保存　　　採集地　　　栽培環境與部位

山芥菜 *Rorippa indica* (L.) Hiern

科 名	十字花科（Cruciferae）	藥 材 名	葶藶、山刈菜、葶藶子（種子）
屬 名	葶藶屬	別 名	葶藶、甜葶藶、丁藶

▲ 平野常見多年生草本。

形態

多年生草本。葉互生，根生葉長橢圓形，呈羽狀深裂或不規則鋸齒狀，莖上葉披針形。十字花黃色，總狀花序，花瓣倒卵形，具萼片；四強雄蕊，雌蕊1枚。長角果，種子細小黃色。

效用

全草有解熱、發汗之效。治發燒、咽喉腫痛、咳嗽，外敷癰疽、疔瘡等。種子為利尿劑，治水腫、咳嗽、肋膜炎等。

方例

- 解熱、治咽喉痛：取全草20-40公克，水煎加冰糖或冬蜜服。
- 解熱、降血壓：全草40-75公克，水煎服。
- 治癰疽、腫毒：鮮品搗敷或取與水丁香葉、龍葵葉、落葵等鮮品各20公克，搗敷患處。
- 治疔瘡：與三腳別、半夏等鮮品各20公克，搗敷患處。
- 治水腫：葶藶子10-20公克，水煎服或與茯苓各10公克水煎服。

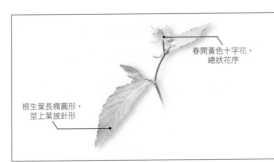

春開黃色十字花，總狀花序

根生葉長橢圓形，莖上葉披針形

藥用部位及效用

藥用部位

全草、種子

效用

全草有解熱、發汗之效。治發燒、咽喉腫痛、咳嗽。外敷癰疽、疔瘡等疾患。種子為利尿劑，治水腫、咳嗽、肋膜炎等。

採收期

保存

採集地

栽培環境與部位

159

錦地羅 *Drosera burmanni* Vahl

科 名	茅膏菜科（Droseraceae）	藥 材 名	錦地羅、石牡丹
屬 名	茅膏菜屬	別 名	錦地羅、落地金錢、金錢草、石牡丹（臺）

▲ 葉片倒卵狀匙形，帶暗紅色。

形態

多年生小草本，基生葉匍地，重疊排列，葉片倒卵狀匙形，帶暗紅色，上部葉緣或葉面密生紫紅色腺毛，藉此粘著捕捉昆蟲。白色至粉紅色花，總狀花序，常卷向彎曲，花瓣5枚。蒴果。

效用

清熱、解毒之效。治肺熱咳嗽、肺癆咳血、咽喉腫痛、耳炎、小兒疳積、赤白痢、瘡毒。

方例

- 治肺病：全草研末，每次服1.5公克，或鮮草20公克，水煎調冰糖服。
- 治肺癆、吐血：全草與萬點金各20公克，水煎服。
- 治肺病、肺結核出血：錦地羅、金線蓮、麥門冬、天門冬等10-20公克，水煎服。
- 治腎臟水腫、痢疾：全草20公克，水煎服。
- 治瘡癤：錦地羅研末，茶油調，外塗患處。

葉片倒卵狀匙形帶暗紅色，上部葉緣或葉面密生紫紅色腺毛

藥用部位及效用

藥用部位

全草

效用

清熱、解毒之效。治肺熱咳嗽、肺癆咳血、咽喉腫痛、耳炎、小兒疳積、赤白痢、瘡毒。

採收期

1	2	3	4	5	6
7	8	9	10	11	12

保存

採集地

栽培環境與部位

落地生根 *Bryophyllum pinnatum* (Lam.) Kurz

科 名	景天科（Crassulaceae）	藥 材 名	落地生根、倒吊蓮
屬 名	落地生根屬	別 名	葉生、天燈籠、大還魂、倒地蓮、倒吊蓮

▲ 肉質草本，小葉橢圓形。

形態

多年生肉質草本。葉對生，單葉或三出複葉，小葉橢圓形，鈍鋸齒緣。聚繖花序，頂生或腋生，下垂，萼呈筒狀，外被紫色斑紋，花冠如長頸甕形，先端4裂，部分伸出萼管外，上部紫紅色，蓇葖果。

效用

有止血、消炎、止痛、消腫解毒之效。治吐血、創傷出血、胃痛、關節痛、咽喉腫痛、中耳炎、乳癰、疔瘡、潰瘍。

方例

• 治疔瘡、癰疽、無名腫毒：鮮葉40-75公克，搗汁敷患部。
• 治咽喉腫痛：鮮葉10枚絞汁漱。
• 治熱性胃痛：鮮葉5枚，搗汁調食鹽少許服。
• 治中耳炎：鮮葉搗汁滴耳。

葉對生，單葉
或三出複葉

藥用部位及效用

藥用部位
葉或根

效用
有止血、消炎、止痛、消腫解毒之效。治吐血、創傷出血、胃痛、關節痛、咽喉腫痛、中耳炎、乳癰、疔瘡、潰瘍。

採收期

1	2	3	4	5	6
7	8	9	10	11	12

保存

採集地

栽培環境與部位

篦葉燈籠草 *Kalanchoe spathulata* (Poir) DC.

科 名	景天科（Crassulaceae）	藥材名	倒吊蓮
屬 名	燈籠草屬	別 名	倒吊蓮（臺）、土川蓮、匙葉伽藍菜

▲ 葉長橢圓形，肉質。

形態

多年生草本，肉質狀。葉對生。葉片篦狀乃至長橢圓形，長5-8cm，基部漸狹尖，先端鈍形，全緣或不整齊鋸齒緣。聚繖花序，花冠黃色高腳杯狀，花瓣4枚，卵形，萼片4枚，披針形。蓇葖果，內含種子多數。

效用

清涼解毒之效。治中耳炎、眼熱赤痛、癰瘡腫毒、創傷等。

方例

- 治癰瘡腫毒：鮮葉適量，搗敷患處。
- 治中耳炎：鮮葉適量，搗汁滴耳。
- 治創傷：鮮葉搗敷或烤後敷患處。

花期夏、秋間，聚繖花序，花冠黃色高腳杯狀

藥用部位及效用

藥用部位

全草

效用

清涼解毒之效。治中耳炎、眼熱赤痛、癰瘡腫毒、創傷等。

採收期

| 1 | 2 | 3 | 4 | 5 | 6 |
| 7 | 8 | 9 | 10 | 11 | 12 |

保存

採集地

栽培環境與部位

落新婦 *Astilbe longicarpa* (Hay.) Hayata

科 名	虎耳草科（Saxifragaceae）	藥 材 名	落新婦、本升麻（臺）
屬 名	落新婦屬	別 名	長果落新婦、本升麻、毛山七

▲ 落新婦分布於山野之多年生草本植物。

形態

多年生草本，根莖粗大。基生葉二回三出複葉，小葉橢圓狀卵形，長3-10cm，寬2-5cm，先端長狹尖，基部圓形，細銳重鋸齒緣，兩面生剛毛。花莖長，呈狹圓錐花序，花小，花瓣5片；萼筒淺杯狀；雄蕊10枚。蓇葖果，具多數種子。

效用

全草有祛風、清熱、止咳，治風熱感冒、頭痛、咳嗽。根莖充升麻代用品，為解熱、鎮痛藥；鎮頭痛、咽喉炎、跌打損傷等。

方例

- 治風熱感冒：落新婦20公克，水煎服。
- 治胃痛、腸炎：落新婦根20公克、青木香12公克，水煎服。
- 治跌打損傷、止痛：根約20公克，半酒水煎服。

基生葉二回三出複葉，小葉橢圓狀卵形

藥用部位及效用

藥用部位

全草、根莖（根）

效用

全草有祛風、清熱、止咳，治風熱感冒、頭痛、咳嗽。根莖充升麻代用品，為解熱、鎮痛藥；鎮頭痛、咽喉炎、跌打損傷等。

採收期

保存 　採集地 　栽培環境與部位

華八仙花 *Hydrangea chinensis* Maxim.

科 名	虎耳草科（Saxifragaceae）	藥 材 名	常山、蜀七葉（枝葉）
屬 名	八仙花屬	別 名	常山、土常山、蜀七葉

▲ 分布於山野之華八仙。　　　　　　　　▲ 白色瓣狀萼片引昆蟲注目。

形態

常綠小灌木，全株光滑。葉對生近革質，長橢圓形，長8-11cm，寬2-4cm，兩端銳尖，疏細鋸齒緣，具柄。花頂生，繖房花序，小花黃綠色壺形。無性花具白色瓣狀，萼片4枚，卵圓形，全緣；兩性花之萼5齒，齒片三角形。蒴果球形，具3稜角，熟呈黑色。

效用

根及幹為解熱、利尿、治淋病、瘧疾。葉解熱治瘡。

方例

• 解熱利尿：常山20-40公克，水煎服或燉赤肉服。
• 治寒熱：常山15公克，檳榔、川貝各7公克，烏梅、生薑各5公克，紅棗3公克，水煎服。
• 治感冒、解熱：蜀七葉20-40公克，水煎服。

葉對生近革
質，長橢圓形

藥用部位及效用
藥用部位
根及幹；小枝葉
效用
根及幹為解熱、利尿、治淋病、瘧疾。葉解熱治瘡。

採收期　　　　　保存　　採集地　　　栽培環境與部位

虎耳草 *Saxifraga stolonifera* Meerb.

科 名	虎耳草科（Saxifragaceae）	藥 材 名	虎耳草
屬 名	虎耳草屬	別 名	錦耳草、金線吊芙蓉

▲ 山野陰溼處群生。

形態

多年生草本。葉數枚叢生根際，類圓形寬4-9cm，基部心形，葉緣淺裂疏齒牙，葉面及葉緣密生長剛毛，深綠色，沿脈處常有白斑，背面紫紅色，具長柄。3-5月開花，花梗細長，花瓣白色不整齊，3片小，卵尖形，中部常淡紅色，基部被5個黃色斑點，2瓣大，倒垂具苞片，萼片5枚；雄蕊10枚；子房球形，柱頭尖，細小。蒴果卵圓形。

效用

鮮葉搗汁滴耳內，治耳疾、中耳炎；內服治小兒百日咳。

方例

• 治百日咳、清肺熱：虎耳草20公克，搗汁或水煎服。
• 治肝病、利尿、治小兒百日咳：鮮葉，水煎服。
• 治耳疾：鮮葉搗汁滴耳。
• 消腫：鮮葉搗敷患處。

葉脈處常有白斑

藥用部位及效用	
藥用部位	
葉	
效用	
鮮葉搗汁滴耳內，治耳疾、中耳炎；內服治小兒百日咳。	

採收期　　　　保存　　採集地　　　　栽培環境與部位

龍牙草 *Agrimonia pilosa* Ledeb.

科 名	薔薇科（Rosaceae）	藥材名	龍牙草、仙鶴草
屬 名	龍牙草屬	別 名	仙鶴草、馬尾絲、黃龍牙、牛尾草

▲ 平野山區常見多年生草本植物。

形態

多年生草本。全草被粗毛。葉互生，奇數羽狀複葉，小葉3對，長橢圓狀披針形，粗齒緣，兩面具毛；托葉半心形，具不整齊齒牙緣。總狀花序，頂生梢端，著生十餘朵，花黃色，花瓣5片。瘦果宿存萼內。

效用

止血、補虛之效，主治癆咳、吐血、尿血、便血、牙齦出血、帶下、血痢、胃潰瘍出血、子宮出血、痔出血等，並有強心作用。

方例

- 止痢、治腹痛及創傷：全草水煎服。
- 治習慣性流鼻血：仙鶴草、枸杞根、蓮藕各20公克、梅乾10公克，水煎服。
- 治牙齦腫痛出血：仙鶴草、炒梔子各20公克，水煎服。
- 降血壓：全草20-40公克水煎服。

花黃色呈總狀花序

藥用部位及效用

藥用部位

全草

效用

止血、補虛之效，主治癆咳、吐血、尿血、便血、牙齦出血、帶下、血痢、胃潰瘍出血、子宮出血、痔出血等並有強心作用。

採收期　　　　　　保存　　採集地　　栽培環境與部位

紅梅消 *Rubus parvifolius* L.

科名	薔薇科（Rosaceae）	藥材名	紅梅消、刺波
屬名	懸鉤子屬	別名	刺波、鹽婆、虎不刺

▲ 常見於山野，並結有紅色莓果。

形態

匍匐性灌木。莖葉具細短刺及細毛。葉互生，三出複葉，小葉菱狀倒卵形，頂葉較大，具柄。聚繖花序，頂生或腋生，淡紅色小花，花瓣5片，倒卵形，花萼5裂，外具小刺。漿質莓果，紅熟。

效用

行血、清涼、解毒、消腫、解熱、止瀉之效。治風濕、腸炎；外用治皮膚病。

方例

- 行血解毒：根20-40公克，水煎服並煎汁塗患處。
- 治帶狀疱疹：刺波根、紅乳草、射干、臭杏、功勞木各12公克，半酒水煎服。
- 止癢、治濕疹：全草水煎，加鹽少許洗滌患處。
- 治中暑下痢：與山澤蘭根各20公克，水煎服。
- 治痔瘡、尿道炎、婦人赤白帶、子宮炎：取根20-40公克，半酒水燉赤肉服。

葉互生，三出複葉，小葉菱狀倒卵形

聚繖花序，頂生，淡紅色小花

藥用部位及效用

藥用部位
根部

效用
行血、清涼、解毒、消腫、解熱、止瀉之效。治風濕、腸炎；外用治皮膚病。

採收期

保存

採集地

栽培環境與部位

菊花木 *Bauhinia championi Benth.*

科 名	豆科（Leguminosae）	藥 材 名	菊花木、過崗龍、九龍藤
屬 名	羊蹄甲屬	別 名	過崗龍、九龍藤、烏藤、菊花藤

▲ 分布於山野之藤本植物，莖橫斷面呈菊花紋而得名。

形態

常綠木質藤本，卷鬚對生或單生。葉互生，長橢圓形，先端2歧裂，基部圓或微凹，全緣，具柄。總狀花序，頂生或腋生，花白色，花瓣5枚離生；雄蕊10枚，雌蕊1枚；萼5裂。莢果，種子黑熟。

效用

根及莖有祛風濕、活血、去瘀、止痛、抗菌。治心肌痛、胃痛、風濕骨痛、腰痛、跌打傷、蛇傷、痔瘡，胃、十二指腸潰瘍等。

方例

• 治胃、十二指腸潰瘍：菊花木20-40公克，雙面刺8-12公克，水煎分三次服。

• 治風濕痛、腰痛：菊花木、當歸、川芎、牛膝、威靈仙、防己各10公克，半酒水煎服或燉排骨服。

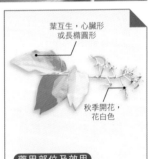

葉互生，心臟形或長橢圓形

秋季開花，花白色

藥用部位及效用

藥用部位

根、莖

效用

根及莖有祛風濕、活血、去瘀、止痛、抗菌。治心肌痛、胃痛、風濕骨痛、腰痛、跌打傷、蛇傷、痔瘡，胃、十二指腸潰瘍等。

採收期　　　　　保存　　採集地　　栽培環境與部位

望江南 *Cassia occidentalis* L.

科 名	豆科（Leguminosae）	藥 材 名	望江南、扁決明
屬 名	決明屬	別 名	羊角豆、扁決明、草決明

▲ 平野常見黃花莢果之草本植物。

形態

一年生草本。葉互生，偶數羽狀複葉，小葉片3-5對，對生，披針狀橢圓形，長3.6-5cm，先端銳尖，基部鈍圓，腺體1對。黃色蝶形花，頂生或腋生，繖房狀總狀花序，萼片5枚，雄蕊10枚。莢果，種子多數，扁圓形灰褐色，具光澤。

效用

全草有利尿、解熱之效。種子有緩下、通經、鎮痛之效。治腹痛、下痢、慢性便秘、頭痛、健胃整腸等。

方例

- 治腹痛下痢：種子10-20公克，水煎服。
- 治習慣性便秘、高血壓、頭痛：種子20-40公克，炒後水煎當茶飲。
- 治腎臟炎、膀胱炎、尿道炎：種子20-40公克水煎，或炒後水煎當茶飲。
- 治蛇及毒蟲螫傷：鮮莖葉絞汁服，並搗敷患部。

莢果，種子扁圓形，灰褐色

藥用部位及效用

藥用部位

種子

效用

全草有利尿、解熱之效。種子有緩下、通經、鎮痛之效。治腹痛、下痢、慢性便秘、頭痛、健胃整腸等。

採收期

1	2	3	4	5	6
7	8	9	10	11	12

保存

採集地

栽培環境與部位

169

決明 *Cassia tora* L.

科 名	豆科（Leguminosae）	藥 材 名	決明子
屬 名	決明屬	別 名	草決明、馬蹄決明

▲ 平野常見之草本植物。

形態

一年生草本，高30-100cm，全株被短柔毛。葉互生，偶數羽狀複葉，小葉2-4對，卵狀長橢圓形，長3-4cm，全緣。花期夏季，腋出，成對，花黃色，花瓣5枚，萼片5枚，具花梗；雄蕊10枚，上側3枚退化。莢果細長，長約15cm，呈弓狀彎曲，種子菱形，褐綠色。

效用

營養強壯、緩下、利尿之效。治眼疾、習慣性便秘、高血壓、肝炎、肝硬化腹水等。

方例

• 治眼疾、習慣性便秘：決明子10-20公克水煎服。
• 治高血壓：決明子焙熟，水煎當茶飲。
• 治結膜炎：決明子、菊花各12公克，蔓荊子、木賊各8公克，水煎服。

花黃色，花瓣5枚，
萼片5枚

莢果細長而彎曲

藥用部位及效用

藥用部位
種子

效用
營養強壯、緩下、利尿之效。治眼疾、習慣性便秘、高血壓、肝炎、肝硬化腹水等。

採收期

保存

採集地

栽培環境與部位

黃野百合 *Crotalaria pallida Ait.*

科 名	豆科（Leguminosae）	藥 材 名	黃野百合
屬 名	黃野百合屬	別 名	野黃荳、馬屎、金鳳花、囍囍草（臺）

▲ 平野常見彎曲莢果之豆科植物。

形態

一年生草本或小灌木，全株具細毛，莖直立多分枝。葉三出掌狀，小葉倒卵形，全緣。花期春至秋，頂生總狀花序，蝶形花冠黃色。莢果圓筒形，向下反曲，種子多數。

效用

散腫毒。治手足無力、癰腫、胃腸弱等。

方例

- 治手足無力、散腫毒：根和豬肚加酒燉服。
- 治癰腫、疔瘡：取根20-40公克，水煎服。
- 治胃腸弱、開脾健胃：根20-40公克，燉豬腸服。

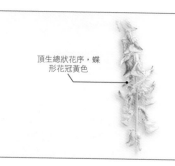

頂生總狀花序，蝶形花冠黃色

藥用部位及效用
藥用部位
根部
效用
散腫毒。治手足無力、癰腫、胃腸弱等。

採收期

保存　採集地　栽培環境與部位

蠅翅草 *Desmodium triforum* (L.) DC.

科 名	豆科（Leguminosae）	藥 材 名	蝴蠅翼（臺）
屬 名	山螞蝗屬	別 名	蝴蠅翼、繩翼草

▲ 平野常見之多年生草本植物。

形態

多年生草本。葉互生，三出，小葉近心形，先端凹入，背面被毛，全緣，托葉披針形。春夏開紫紅色蝶形花，腋生。莢果鐮形，被鉤毛。

效用

有袪風、解熱、解毒之效。治目赤腫痛、黃疸、淋病、痢疾、疥癬、婦女經風等。外治創傷。

方例

- 治痢疾：蝴蠅翼、鳳尾草各20公克水煎服。或與鳳尾草、紅乳草、丁豎杇各20公克半酒水煎服。
- 治咳嗽吐血：與扁柏各20-40公克，水煎服。
- 治感冒：蝴蠅翼、無頭土香、蚶殼草、遍地錦、黃花蜜菜、一枝香、雞舌癀、鼠尾癀、車前草、紫蘇、薄荷（頭痛加鐵馬鞭，咳嗽加桑葉、雞屎藤）各12公克，水煎服。
- 治婦女經風：蝴蠅翼20-40公克，水煎服。

葉互生，三出，小葉近心形，背面被毛

藥用部位及效用

藥用部位

全草

效用

有袪風、解熱、解毒之效。治目赤腫痛、黃疸、淋病、痢疾、疥癬、婦女經風等。外治創傷。

採收期

| 1 | 2 | 3 | 4 | 5 | 6 |
| 7 | 8 | 9 | 10 | 11 | 12 |

保存

採集地

栽培環境與部位

雞眼草 *Kummerowia striata* (Thunb.) Schindler

科 名	豆科（Leguminosae）	藥材名	雞眼草
屬 名	雞眼草屬	別 名	蝴蠅翼（臺）、公母草

▲ 雞眼草於山野常見群生。

形態
一年生草本，莖被倒生白色細毛。葉互生，3出複葉，小葉片長橢圓形，全緣，具白柔毛。夏秋開淡紅色蝶形花，1-2朵腋生，花萼鐘形。莢果卵形被毛。

效用
清熱解毒、健脾、利濕、收斂止痢。治感冒發熱、咳嗽、黃疸、腹瀉、小兒疳積、肝炎、尿道炎、腫毒。

方例
- 治中暑：鮮品110-150公克，搗汁沖開水服。
- 治濕熱、黃疸：雞眼草20-40公克，水煎服。
- 治赤白久痢：鮮品、鳳尾蕨各20，水煎服。
- 治胃痛：雞眼草20-40公克，水煎服。
- 治小兒疳積：雞眼草12-20公克，水煎服。
- 治尿道炎：雞眼草25-40公克，半酒水煎服。
- 肝炎：雞眼草20-40公克，黃水茄、茵陳蒿、柴胡各10公克，水煎服。

葉互生，3出複葉，中脈及邊緣具白柔毛

藥用部位及效用

藥用部位

全草

效用

清熱、解毒、健脾、利濕、收斂止痢。治感冒發熱、咳嗽、黃疸、腹瀉、小兒疳積、肝炎、尿道炎、脫肛、腫毒。

採收期

1	2	3	4	5	6
7	8	9	10	11	12

保存

採集地

栽培環境與部位

20~25

173

胡枝子 *Lespedeza cuneata* (Dumont d. Cours.) G. Don

科 名	豆科（Leguminosae）	藥 材 名	千里光、鐵掃帚（臺）
屬 名	胡枝子屬	別 名	千里光、三葉草、夜關門

▲ 分布於平野之草本植物。

形態

多年生草本，多分枝，枝細長被疏毛。3出複葉，互生，密集，葉片線狀楔形，先端鈍，小突尖，基部楔形。花腋生，2-4朵成簇，具短梗，花冠蝶形，黃白色略帶紫色，萼5深裂，被柔毛。莢果小。

效用

補肝腎、益肺陰、袪痰鎮咳、散瘀消腫。治遺精、遺尿、白濁、白帶、哮喘、小兒疳積、瀉痢，跌打傷、目赤、乳癰等。

方例

• 治咳嗽、袪痰、喘息：千里光20-40公克水煎服。
• 治遺精、遺尿：千里光、黃精、地黃各20公克，燉瘦肉服。
• 治跌打傷：千里光與白花菜鮮品各20-40公克，搗敷患處。

3出複葉，葉片線狀楔形

藥用部位及效用

藥用部位

全草

效用

補肝腎、益肺陰、袪痰鎮咳、散瘀消腫。治遺精、遺尿、白濁、白帶、哮喘、小兒疳積、瀉痢，跌打傷、目赤、乳癰等。

採收期

| 1 | 2 | 3 | 4 | 5 | 6 |
| 7 | 8 | 9 | 10 | 11 | 12 |

保存

採集地

栽培環境與部位

銀合歡 *Leueaena leucocephala* (Lam.) de Wit

科 名	豆科（Leguminosae）	藥 材 名	合歡皮
屬 名	銀合歡屬	別 名	白合歡、白相思仔、臭菁仔

▲ 葉如合歡樹而花銀白色而得名。其根及根皮有消腫止痛、祛風濕之效。

形態

灌木或小喬木。二回羽狀複葉，羽片4-8對，第一對基部有1黑色腺點，小葉8-20對，小葉片條狀長橢圓形，全緣。頭狀花序1-2個腋生，花白色花，瓣細小，蓴筒狀。雄蕊10枚，莢果條狀扁平，熟呈褐色，種子卵形扁平具光澤。

效用

根及根皮消腫止痛、祛風濕、殺蟲。治心煩失眠、癰腫、肺癰、跌打損傷、皮膚病。種子祛濕、殺蟲。治糖尿病、皮膚病。

方例

- 治虛勞失眠：合歡皮、酸棗仁（炒）各12公克、茯苓、知母、川芎各6公克、甘草4公克，水煎服。
- 治癰腫：合歡皮12-20公克，燉瘦肉服。
- 治皮膚病：合歡皮或種子研末調敷。

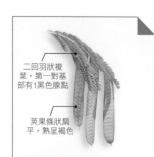

二回羽狀複葉，第一對基部有1黑色腺點

莢果條狀扁平，熟呈褐色

藥用部位及效用

藥用部位

根、根皮、種子

效用

根及根皮消腫止痛、祛風濕、殺蟲。治心煩失眠、癰腫、肺癰、跌打損傷、皮膚病。種子祛濕、殺蟲。治糖尿病、皮膚病。

採收期	保存	採集地	栽培環境與部位

大葉千斤拔 *Flemingia Macerophylla* (Willd.) O. Ktze.

科 名	豆科（Leguminosae）	藥 材 名	千斤拔、一條根
屬 名	千斤拔屬	別 名	大葉佛來明豆、一條根、千斤拔、白馬屎

▲ 平野山區多年生之灌木。

千斤拔類植物主根直伸地中，似須用千斤之力才能拔起，故名千斤拔、一條根。此類藥材有多種原植物應用，為祛風濕、強筋骨之要藥。

形態

灌木。莖直立。掌狀三出複葉，互生，頂生小葉卵狀披針形，先端鈍，長4-8cm，比側生小葉較大，側生小葉基部斜圓，葉背密被茸毛。夏秋開花，總狀花序，腋生，短而稠密，蝶形花冠紫色，萼5齒裂。莢果腫脹，約與萼等長。

效用

根及莖有祛風濕、強腰膝、補脾胃之效。治風濕性關節炎、腰膝痛、慢性腎炎、氣虛水腫、白帶、跌打損傷等。

採收期	保存	採集地	栽培環境與部位

1	2	3	4	5	6
7	8	9	10	11	12

▲ 夏秋開花結果。

▲ 莢果多屬呈總狀。

▲ 蝶形花冠紫色。

方例

- 風濕性關節炎：千斤拔16公克、威靈仙、牛膝、當歸、赤芍各4公克加酒煎服。
- 脾胃虛弱：千斤拔10公克、蒼朮、陳皮、厚朴各4公克，水煎服。
- 跌打損傷：千斤拔10公克、赤芍、丹皮、丹參各4公克，加酒煎服。

夏秋開花，蝶
形花冠紫色

藤狀亞灌木，
直立或平臥

藥用部位及效用

藥用部位

根、莖

效用

根及莖有祛風濕、強腰膝、補脾
胃之效。治風濕性關節炎、腰膝
痛、慢性腎炎、氣虛水腫、白帶
、跌打損傷等。

含羞草 *Mimosa pudica* L.

科 名	豆科（Leguminosae）	藥 材 名	含羞草、見笑草（臺）
屬 名	含羞草屬	別 名	見笑草、見誚草

▲ 平野常見之多年生草本植物。

形態

多年生草本，莖斜伏，全株密生逆毛及疏被銳刺。葉互生，具長柄，掌狀羽葉4枚，小葉對生，多數，觸動時因葉柄之膨壓作用，葉片閉合而總葉柄下垂，葉片廣線形，全緣。頭狀花序，單生或2-3朵腋生，繡球狀，粉紅色。莢果邊緣生長刺毛。

效用

根：止痛、消腫、解毒之效。治眼熱作痛、腸炎、胃炎、失眠、風濕痛等；外用鮮葉搗敷腫毒。

方例

- 治風濕：含羞草根20公克，泡酒服或合酒煎服。
- 治神經衰弱、失眠：含羞草40-75公克，水煎服。
- 治眼熱赤痛：全草20-40公克水煎或燉赤肉服。
- 治肝炎、腎臟炎：根及莖20-40公克，水煎服。
- 治腫毒、帶狀疱疹：鮮葉與臭杏、功勞葉、紫背草等搗敷或搗汁塗抹患處。

葉互生，具長柄，掌狀羽葉4枚，小葉對生

全株密生逆毛及疏被銳刺

藥用部位及效用

藥用部位

全草、根

效用

根：止痛、消腫、解毒之效。治眼熱作痛、腸炎、胃炎、失眠、風濕痛等；外用鮮葉搗敷腫毒。

採收期 　　保存 　採集地 　栽培環境與部位

兔尾草 *Uraria crinita* (L.) Desv. ex DC.

科 名	豆科（Leguminosae）	藥 材 名	通天草、狗尾草
屬 名	兔尾草屬	別 名	狗尾草、通天草、統天草、狐狸尾

▲ 花穗似兔尾之小灌木草本植物，花期5-9月。

蝶形花，花淡紫色

葉為奇數羽狀複葉，葉背具短毛茸

形態

小灌木狀草本。全株被短毛茸，粗澀粘手。葉奇數羽狀複葉，葉片5枚，長卵形，鈍頭，全緣，葉背具短毛茸。蝶形花淡紫色，全花穗似兔尾；花萼、花梗和花軸均密生長絨毛，花萼5裂。莢果種子褐色。

效用

開脾、利尿、殺蟲、除癖、健胃。治脾、胃痛、小孩發育不良等。

方例

• 治小孩發育不良：根40-75公克，燉赤肉服。
• 開脾、利尿、殺蟲、胃病：狗尾草10-20公克。或全草20-40公克，使君子根10公克，水煎服。
• 驅小兒蛔蟲、開胃：全草20公克，使君子7公克，水煎或燉赤肉服。

藥用部位及效用

藥用部位
全草，主用根部

效用
開脾、利尿、殺蟲、除癖、健胃之效。治脾、胃痛、小孩發育不良等。

採收期

保存

採集地

栽培環境與部位

179

葛 *Pueraria lobata* (Willd.) Ohwi

科 名	豆科（Leguminosae）	藥 材 名	葛根、葛花
屬 名	葛屬	別 名	葛藤、野葛、葛根、刈根、粉刈根

▲ 多年生蔓性藤本，夏至冬開紫紅色蝶形花。

葛，始載於《神農本草經》，列為中品藥，一般多以山葛、台灣葛藤、台灣野葛、刈根或山割根稱之。中藥多使用其塊根，稱之為葛根，為發汗解熱之藥材。

形態
多年生蔓性藤本。全株被有褐色粗毛。三出複葉，小葉菱狀卵形或卵狀披針形，先端銳尖，全緣，長10-15cm，背面密被銀白色茸毛；小托葉絲狀。夏至冬開紫紅色蝶形花，多數排列成總狀花序，腋出。莢果長方狀線形，扁平，外被褐色剛毛。

效用
根為發汗、解熱之效。治熱性病、口渴、項背強、瀉痢、血痢、痘疹初期不易透者、中酒毒、頭痛等。花為解熱、止渴、治腸炎、便血、解酒、嘔吐等。

採收期　　　　　　保存　　採集地　　栽培環境與部位

▲ 小葉柄具2拖葉。

▲ 葛花藥材。

▲ 葛根藥材。

▲ 蝶形花呈總花序。

方例

- 解熱、治感冒：葛根12公克，水煎服。
- 治產後風邪：根與菝葜、竹葉根各20公克，接骨草10公克梅乾4公克水煎服。
- 解酒、祛濕、止痢：葛花10-40公克，水煎服。
- 治酒後感冒：葛花10公克，水煎服。

葛花藥材

葛根藥材

藥用部位及效用

藥用部位

塊根、花

效用

根為發汗、解熱之效。治熱性病、口渴、項背強、瀉痢、血痢、痘疹初期不易透者、中酒毒、頭痛等。花為解熱、止渴、治腸炎、便血、解酒、嘔吐等。

牻牛兒苗 *Geranium nepalense* Sweet var. *thunbergii* (Sieb. & Zucc.) Kudo

科 名	牻牛兒苗科（Geraniaceae）	藥 材 名	牻牛兒苗、老鶴草
屬 名	香葉菜屬	別 名	香葉菜、老鶴草、尼泊爾老鶴草

▲ 中海拔山野開紫紅色花之草本植物。

形態

多年生草本，全株被細毛。葉對生，掌狀葉3-5裂，裂片長橢圓形，上部有鋸齒緣或淺裂，先端銳尖，長3-5cm。花雙出，腋生，花紫紅色，花瓣5枚，卵圓形；萼片橢圓形，銳尖。蒴果細柱形，有稜被毛。

效用

清熱解毒、袪風、收斂止瀉之效。治腸炎、痢疾、腹痛。為治瀉痢、腹痛良藥。

方例

- 治腸炎、痢疾：與鳳尾草各20-40公克，水煎服。
- 治急慢性腸炎下痢：全草24公克、紅棗4枚水煎服。
- 治風濕痛、筋骨痛：老鶴草、筋骨草各40公克，半酒水燉赤肉服。
- 治癰疽、蛇咬傷：全草鮮品搗敷患處。

葉對生，裂片長橢圓形

花紫紅色，花瓣5枚，卵圓形

藥用部位及效用

藥用部位

全草

效用

清熱解毒、袪風、收斂止瀉之效。治腸炎、痢疾、腹痛。為治瀉痢、腹痛良藥。

採收期

1	2	3	4	5	6
7	8	9	10	11	12

保存　採集地　栽培環境與部位

紫花酢漿草 *Oxalis corymbosa DC.*

科 名	酢漿草科（Oxalidaceae）	藥 材 名	紫花酢漿草、大鹽酸草
屬 名	酢漿草屬	別 名	紫酢漿草、紅花酢漿草、大鹽酸草

▲ 平野常見開紫紅色花之草本植物。

形態

多年生草本，宿根性，具鱗莖，由鱗片內著生珠芽，集聚成團狀，鱗莖下部具紡綞形塊根；葉根生，著生3葉，小葉倒心臟形，葉背被軟毛。花淡紅紫色，喇叭狀，花梗與葉柄略等長，頂端著生10數朵花，花冠5枚，雄蕊10枚，萼片5枚。

效用

全草有散瘀、消腫、清熱、解毒之效。治咽喉腫痛、腎炎、痢疾、白帶，痔瘡、跌打傷、疔瘡等。

方例

- 治咽喉腫痛、牙痛：酢漿草鮮品40-75公克，水煎服或搗汁加鹽含口漱。
- 治腎盂炎、腎炎：鮮品40公克搗爛調雞蛋炒熟服。
- 治腫毒惡瘡：取鮮葉搗敷患處。
- 治痔瘡脫肛：全草燉豬腸服。

花淡紅紫色，喇叭狀

葉根生，小葉倒心臟形

藥用部位及效用

藥用部位
全草

效用
全草有散瘀、消腫、清熱、解毒之效。治咽喉腫痛、腎炎、痢疾、白帶，痔瘡、跌打傷、疔瘡等。

採收期

保存

採集地

栽培環境與部位

酢漿草 *Oxalis corniculata* L.

科 名	酢漿草科（Oxalidaceae）	藥 材 名	酢漿草、鹽酸草
屬 名	酢漿草屬	別 名	鹽酸草、山鹽酸、鹽酸仔草

▲ 葉互生，掌狀複葉，倒心形。

形態

多年生草本。葉互生，掌狀複葉，倒心形，全緣，具長柄。花期春至秋季，頂生於花梗，黃色小花，呈繖形花序，花鐘形，花瓣5枚。蒴果，熟裂種子彈出。

效用

全草有散瘀、消腫，清熱、解毒之效。解熱、消炎、止痛、利尿、治尿道炎、咽喉痛。外搗敷腫毒惡瘡。

方例

* 治喉腫痛、牙痛：全草鮮品40-75公克，水煎服或搗汁加鹽含口漱。或與耳鉤草、土荊芥各20公克，水煎加鹽少許代茶飲。
* 解熱：與蚶殼草各20-40公克，水煎服。
* 治打傷：與鵝不食草，用酒炒搓患處。
* 治瘑疸（指邊疔）：與冷飯藤、三腳別、紫背草等鮮品搗敷或與三腳別、龍葵、五爪龍搗敷患處。
* 治尿道炎：全草鮮品40-75公克，水煎服。

—— 黃色小花，花鐘形

葉互生，掌狀複葉，倒心形

藥用部位及效用

藥用部位
全草
效用
全草有散瘀、消腫，清熱、解毒之效。解熱、消炎、止痛、利尿、治尿道炎、咽喉痛。外搗敷腫毒惡瘡。

採收期　　　　　　保存　　採集地　　　栽培環境與部位

1	2	3	4	5	6
7	8	9	10	11	12

A

20/25

重陽木 *Bischofia javanica* Blume

科 名	大戟科（Euphorbiaceae）	藥 材 名	茄冬、茄冬葉、茄冬皮、茄冬根
屬 名	重陽木屬	別 名	茄冬

▲ 平野常見大喬木，結球形果實。

形態

半落葉性大喬木，葉具長柄，三出複葉；小葉呈長橢圓形，鈍鋸齒緣。雌雄異株，圓錐花序腋出。漿果球形。

效用

葉有解熱、消炎之效。治肺炎、腹痛。根為解熱、利尿、滋養補腎、行血補血等。幹皮治風濕性關節炎、哮喘等。

方例

- 腸胃冷、益筋骨、助發育：茄冬葉75公克，加少量鹽，燉雞或排骨服。
- 治胃病：根40-75公克，燉雞服。
- 去傷解鬱、小孩發育不良：根或葉、莖皮40-70公克，水加酒少許，燉排骨服。
- 解毒：茄冬根、七里香根各40公克，燉赤肉服。

葉具長柄，三出複葉

藥用部位及效用

藥用部位
葉、皮、根
效用
葉有解熱、消炎之效。治肺炎、腹痛。根為解熱、利尿、滋養補腎、行血補血等。幹皮治風濕性關節炎、哮喘等。

採收期 　　　保存　　採集地　　　栽培環境與部位

1	2	3	4	5	6
7	8	9	10	11	12

185

紅仔珠 *Breynia officinalis* Hemsley

科 名	大戟科（Euphorbiaceae）	藥 材 名	七日暈、赤子仔
屬 名	山漆莖屬	別 名	山漆莖、七日暈、紅珠子、赤子仔

▲ 平野山區常見結紅色球形果實之灌木。

形態

半落葉灌木。葉排成2列，葉長橢圓形，先端鈍形，基部銳形，全緣。花單一，腋生，雌雄同株；雄花有梗，雄蕊3枚，萼倒圓錐形，無瓣。雌花有短梗，萼鐘形，呈不整齊6裂，柱頭3裂。漿果扁球形紅熟。

效用

根及莖，治梅毒、腫毒、跌打、瘀傷出血。本品有毒用量宜慎。

方例

- 治癰疽腫毒、疔瘡：根8公克半酒水燉鴨蛋服。
- 治便毒：七日暈根12-16公克，半酒水燉鴨蛋服。
- 治腫毒：葉搗敷患處。

漿果偏球形紅熟

葉排成2列，葉片長橢圓形

藥用部位及效用
幹皮
根及莖
效用
根及莖，治梅毒、腫毒、跌打、瘀傷出血。本品有毒用量宜慎。

採收期　　　　　保存　　採集地　　栽培環境與部位

大甲草 *Euphorbia formosana* Hayata

科 名	大戟科（Euphorbiaceae）	藥 材 名	大甲草、八卦草
屬 名	大戟屬	別 名	臺灣大戟、八卦草、五虎下山、滿天星

▲ 分布於平野之草本植物，複繖形花序。

形態

多年生草本。基部叢狀，葉密互生或輪生，無柄，長披針形，稍鈍頭，全緣。複繖形花序，頂生或腋生，花單性，雌雄同株，包於總苞內，雄花之雄蕊1枚，雌花之雌蕊1枚，均無花被。蒴果3稜。

效用

解毒、消炎之效。治蛇傷、風濕、疥癬、跌打傷等。

複繖形花序，頂生或腋生

葉密互生或輪生，長披針形

藥用部位及效用

藥用部位
根、全草

效用
有解毒、消炎之效。治蛇傷、風濕、疥癬、跌打傷等。

方例

- 治蛇傷：葉及根，水煎服，並搗敷患部。
- 治蛇傷：大甲草、地丁、夏枯草、地蜈蚣、白芷、白芨各8公克，甘草4公克加酒煎服。
- 治皮膚疥癬：取乳汁塗擦患部。

採收期

保存

採集地

栽培環境與部位

乳仔草 *Euphorbia hirta* L.

科 名	大戟科（Euphorbiaceae）	藥 材 名	大飛揚草、大本乳仔草
屬 名	大戟屬	別 名	飛揚草、大本乳仔草、羊母乳

▲ 平野路旁、空地常見草本植物。

外形有如站立的大型百足蟲（蜈蚣）；莖上兩側對生的葉子，如同對坐的神仙，也像是掛滿飛揚的旗子，而有蜈蚣對坐草、大飛揚草等名。葉片折斷處，會流出白色的乳汁，極易辨認。在山坡空隙地、平野路旁空地，都可見到它的蹤跡；在菜園、花園則是常見的雜草。民間廣為使用的藥草，稱為乳仔草、大本乳仔草、過路蜈蚣等名。

形態
一年生草本，高20-40cm，基部分枝，斜上或直立，全草淡紅色至紫色，具毛，折之有白乳汁。葉對生，長橢圓形或披針狀，基部歪楔形，細鈍鋸齒緣，長2-4cm，寬0.8-1.5cm，有毛，具短柄。夏秋開黃褐色小花，腋生，聚繖花序，被黃色毛。蒴果三稜形，具彎曲短毛，紅熟。

效用
解熱、消炎、收斂之效。治痢疾、乳腫、解熱、瘧疾、支氣管炎及哮喘等。

採收期　　　　　保存　　採集地　　栽培環境與部位

▲ 莖淡紅色，折之有白色乳汁。

方例

- 解熱：大飛揚草20-40公克，水煎服。
- 治痢疾：大飛揚草、鳳尾草、蚶殼草、白花草各20公克，水煎服。
- 祛風、治腰痠痛：大飛揚草40公克燉豬尾服。

葉對生，長橢圓形或披針狀，
基部歪楔形，細鈍鋸齒緣

全草淡紅色至紫色，
具毛，折之有白乳汁

夏秋開黃褐色小
花，被黃色毛

藥用部位及效用

藥用部位

全草

效用

解熱、消炎、收斂之效。治痢疾
、乳腫、解熱、瘧疾、支氣管炎
及哮喘等。

189

千根草 *Euphorbia thymifolia* L.

科 名	大戟科（Euphorbiaceae）	藥 材 名	紅乳仔草、萹蓄（誤用）
屬 名	大戟屬	別 名	小本乳仔草、紅乳仔草、萹蓄草、乳仔草

▲ 全株略帶暗紅色，折斷則流出白色乳汁，其莖及根均細小，而有千根草、紅乳草之名。

形態

一年生匍匐性草本。莖細，全草略帶暗紅色，折斷流出白乳汁。葉對生，橢圓形，鈍頭，葉緣齒牙銳或圓。總苞帶紫色鐘狀，腋生，花柱極短。蒴果卵形。

效用

消炎、收斂之效。治腸炎、痢疾、腫毒等。

方例

• 治痢疾：紅乳仔草、鳳尾草各20公克，水煎服。
• 治瘡癤、慢性皮膚病：全草、苦藍盤根、本首烏各20公克，水煎服。
• 治香港腳、皮膚疹：紅乳仔草20公克，埔銀、蒼耳草各16公克，水煎服。
• 治疥癬：全草搗汁塗患處。

葉對生，橢圓形，
葉緣齒牙銳或圓

藥用部位及效用
藥用部位
全草
效用
消炎、收斂之效。治腸炎、痢疾及腫毒等。

採收期　　　保存　　採集地　　栽培環境與部位

血桐 *Macaranga tanarius* (L.) Muell.-Arg.

科 名	大戟科（Euphorbiaceae）	藥 材 名	血桐、大冇樹
屬 名	血桐屬	別 名	橙桐、大冇樹

▲ 葉似梧桐葉，莖枝折斷有紅色樹液而得名。

形態

常綠小喬木。葉集生枝端，互生，葉柄密生短柔毛，托葉卵狀披針形，早落性。葉片心形或廣卵形，基部圓形而盾狀著生，頂端漸尖，細疏鋸齒緣，背面被短柔毛，密生棕色腺點。花單性，雌雄異株，無花瓣。雄花圓錐花序，腋生，雌花序密生成團狀，苞片銳鋸齒緣。蒴果近球形。

效用

根為解熱催吐藥。樹皮治痢疾。

方例

- 治咳血：血桐根10-20公克，水煎服。
- 治痢疾：血桐皮12-20公克，水煎服。
- 治創傷：鮮葉搗敷患處。

葉片心形或廣卵形，背面被短柔毛，密生棕色腺點

藥用部位及效用

藥用部位

根、樹皮、葉

效用

根為解熱催吐藥。樹皮治痢疾。

採收期

保存

採集地

栽培環境與部位

野桐 *Mallotus japonicus* (Thunb.) Muell.-Arg

科 名	大戟科（Euphorbiaceae）	藥材名	野桐
屬 名	野桐屬	別 名	野梧桐、白肉白匏仔、白匏仔、白葉仔

▲ 平野山區常見小喬木。

形態

半落葉小喬木。幼枝葉柄、葉背及花序被星狀絨毛。葉互生，具長柄，叢生枝端，葉卵形或菱形，全緣或三裂，葉基具腺體1對。雌雄異珠，圓錐形穗狀花序，頂生，花軸及花枝被紅褐色短毛，雄花黃色，雄蕊多數，雌花密生。蒴果球形具軟刺。

效用

樹皮治吐逆、胃潰瘍、十二指腸潰瘍、慢性胃腸炎、慢性皮膚病、癰腫；外用治惡瘡。葉搗敷治腫毒、慢性皮膚病。

方例

- 治癰腫：取根或幹之皮10-20公克，水煎服。
- 治腫毒惡瘡：樹皮或枝葉，煎膏敷。或葉搗敷。或果實陰乾，煎汁洗滌。
- 治頭生瘡疥、慢性皮膚病：葉研末，調凡士林塗患部。

夏季開花，雌雄異珠，圓錐形穗狀花序，頂生

幼枝葉柄、葉背及花序被星狀絨毛

藥用部位及效用

藥用部位

樹皮、葉

效用

樹皮治吐逆、胃潰瘍、十二指腸潰瘍、慢性胃腸炎、慢性皮膚病、癰腫；外用治惡瘡。葉搗敷治腫毒、慢性皮膚病。

採收期

保存

採集地

栽培環境與部位

扛香藤 *Mallotus repandus* (Willd.) Muell.-Arg.

科 名	大戟科（Euphorbiaceae）	藥 材 名	扛香藤、桶交藤
屬 名	野桐屬	別 名	桶鈎藤、桶交藤、糞箕藤、石岩風、倒掛茶

▲ 葉片揉之有芳香氣味，又因為形狀像畚箕而得名。

形態
常綠蔓性灌木，幼枝被星狀毛。葉互生，菱形，兩面疏生粒狀腺點，全緣，具長柄。總狀花序，花單性，雌雄異株；雄花序穗狀，簇生，密被黃色茸毛。雌花序頂生或腋生，單生。蒴果球形，被黃褐色毛。

效用
祛風、解熱、解毒、止癢、殺蟲之效。

方例
• 治風濕病：扛香藤16-40公克，水煎或燉排骨服。
• 治腰酸痛：桶鈎藤16公克，山澤蘭根8公克，牛乳埔、穿山龍、黃金桂各20公克加酒燉排骨服。
• 治關節炎：桶鈎藤20-40公克，倒地麻20公克，半酒水燉排骨服。
• 治肝病、利水：與金針根各12公克，水煎服。

葉互生，菱狀橢圓形

藥用部位及效用

藥用部位
根或莖葉

效用
有祛風、解熱、解毒、止癢、殺蟲之效。根莖治傷風感冒、風濕腫痛、潰瘍、跌打傷、蛇咬傷。葉治皮膚癢、瘡癤，驅除縧蟲，全草治肝炎。

採收期

保存

採集地

栽培環境與部位

葉下珠 *Phyllanthus urinaria* L.

科 名	大戟科（Euphorbiaceae）	藥 材 名	葉下珠、珠仔草
屬 名	葉下珠屬	別 名	珠仔草、紅骨珠仔草

▲ 平野山區草本植物，扁球形蒴果長於葉腋。

形態

一年生草本，莖直立，常帶紫紅色。葉片長橢圓形，先端圓且微凸，小枝著生兩排鱗葉，幾無柄。雌雄同株，雄花萼片6枚，雄蕊3枚，花絲基部合生，花藥縱裂，雌蕊萼片5枚。蒴果扁球形，種子具橫紋。

效用

平肝清熱、利尿解毒之效。治腸炎、痢疾、肝炎、腎炎水腫、小兒疳積、眼疾、瘡疥腫毒等。

方例

- 治肝炎：葉下珠鮮品全草20-40公克，水煎服。
- 治小兒疳積、夜盲：葉下珠15-22公克，燉赤肉或排骨服。
- 治痢疾：鮮品全草20-40公克，水煎調糖服。

葉片長橢圓形，先端圓且微凸

蒴果扁球形，種子具橫紋

藥用部位及效用

藥用部位

全草

效用

平肝清熱、利尿解毒之效。治腸炎、痢疾、肝炎、腎炎水腫、小兒疳積、眼疾、瘡疥腫毒等。

採收期

保存

採集地

栽培環境與部位

蓖麻 *Ricinus communis* L.

科 名	大戟科（Euphorbiaceae）	藥材名	蓖麻、蓖麻子
屬 名	蓖麻屬	別 名	紅蓖麻、蓖麻仔、萆麻仁、紅肚卑子

▲ 平野常見楯形掌狀葉之灌木植物。

形態
一年生草本，灌木狀。葉互生，具長柄，楯形掌狀，5-11裂。花單性，雌雄同株，總狀花序，雌花在上部，雄花在下部，無花瓣。蒴果卵形，通常有刺。

效用
種子為輕瀉劑，治水氣脹滿、大便結燥、腸內積滯。根及幹為行血、止痛、解毒；治跌打傷、風濕、便毒、通便等。嫩葉治跌打傷、腫毒、外痔、皮膚病。

方例
- 治便秘：蓖麻子10-20公克，去殼水煎同溫粥服。
- 治疔瘡膿腫：蓖麻子約20枚去殼搗敷患處。
- 治風濕性關節炎：根20-40公克，水煎服。
- 治腳氣、足膝腫痛：嫩葉水煎服並以葉蒸熟搗敷。

總狀花序，雌花在上部，雄花在下部

葉互生，卵圓形，全緣，背面粉紅色

藥用部位及效用
藥用部位
種子、根
效用
種子為輕瀉劑，治水氣脹滿、大便結燥、腸內積滯。根及幹為行血、止痛、解毒；治跌打傷、風濕、便毒、通便等。嫩葉治跌打傷、腫毒、外痔、皮膚病。

採收期

保存

採集地

栽培環境與部位

羅氏鹽膚木
Rhus semialata Murp. var. *roxburghiana* DC.

科 名	漆樹科（Anacardiaceae）	藥 材 名	埔鹽
屬 名	漆樹屬	別 名	埔鹽、無翅鹽膚木、山鹽青、山埔鹽

▲ 黃白色花，圓錐花序頂生。

形態

落葉小喬木，嫩枝被褐色柔毛，皮孔紅色。葉為奇數羽狀複葉，總葉柄及羽軸無翼與鹽膚木區別。小葉4-8對，無柄，對生，卵狀披針形，鈍鋸齒緣，背面密被褐色毛。黃白色花，雌雄異株，圓錐花序，頂生，小花密生，花瓣5片。核果扁球形，熟呈橙紅色，具毛。

效用

祛風、除濕、消炎解毒。治風濕、感冒、跌打傷、糖尿病。

方例

- 治關節炎：根與風藤、黃金桂各20-40公克加酒燉豬尾服。
- 祛風濕：與野牡丹根、牛乳埔根、橄欖根、椿根各10-20公克，半酒水燉瘦肉服。
- 治感冒：埔鹽、大風草、串鼻龍、紫蘇、薄荷、岡梅根各20公克，水煎服。

嫩枝被褐色柔毛，皮孔紅色

藥用部位及效用

藥用部位
幹及枝

效用
祛風、除濕、消炎解毒。治風濕、感冒、跌打傷、糖尿病。

採收期

1	2	3	4	5	6
7	8	9	10	11	12

保存

採集地

栽培環境與部位

鳳仙花 *Impatiens balsamina* L.

科 名	鳳仙花科（Balsaminaceae）	藥 材 名	鳳仙子、急性子、透骨草、鳳仙骨
屬 名	鳳仙花屬	別 名	指甲花、金鳳花、急性子、旱珍珠

▲ 鳳仙花多為庭院栽培之草本植物。

形態

一年生草本。葉互生，狹披針形，深鋸齒緣，葉柄具腺體。花兩性，腋生，有淡紅、白、紫或雜色，單瓣或複瓣，花瓣5片，雄蕊5枚，子房5室，萼片3枚。蒴果裂開種子彈出。

效用

花清血，治胸肺疾病；莖治跌打傷、腫毒。種子為解毒藥，有通經、催生之效，治月經不調、祛痰等。

方例

- 治骨哽、消難產積塊、魚肉中毒：鳳仙子10-20公克，水煎服。
- 治婦女血虛氣滯、月經不調：鳳仙子、凌霄花、龍船花、鴨舌癀、龍眼肉、血藤各10公克，水煎服。

葉互生，狹披針形

一年生草本，莖光滑

夏季開花，有淡紅、白、紫或雜色

藥用部位及效用

藥用部位

種子、花、莖

效用

花清血，治胸肺疾病；莖治跌打傷、腫毒。種子為解毒藥，有通經、催生之效，治月經不調、祛痰等。

採收期　　　保存　　　採集地　　栽培環境與部位

倒地鈴 *Cardiospermum halicacabum* L.

科名	無患子科（Sapindaceae）	藥材名	倒地鈴
屬名	倒地鈴屬	別名	假苦瓜、三角燈籠、風船葛

▲ 平野常見蔓性植物，果實似鈴狀三稜形而得名，葉似苦瓜之葉，又稱假苦瓜。

形態

一年生或二年生纏繞性藤本。莖質柔，疏被毛。葉互生，具長柄，二回三出複葉，小葉卵狀披針形，先端銳尖，不整粗鋸齒緣。腋生，數朵成聚繖花序，兩性花，花瓣白色，4枚，2枚較大，另2枚具冠狀鱗片1枚；雄蕊8枚，雄花與兩性花相似，雌蕊退化。蒴果，膨脹成鈴狀三稜形，種子球形黑色，有白色臍點心型。

效用

清熱、利尿、涼血、去瘀、解毒之效。治肺炎、黃疸、糖尿病、淋病、疔瘡、風濕、跌打傷、蛇咬傷等。

採收期　　　　　　　保存　　採集地　　栽培環境與部位

▲ 花白色呈聚繖花序。

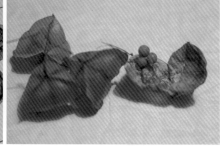

▲ 果實鈴狀三稜形種子，黑色有白色臍點心型。

方例

- 治淋病：倒地鈴12公克、金錢薄荷8公克，水煎服。
- 治糖尿病：鮮品75公克水煎服。
- 治百日咳：倒地鈴12-20公克，水煎調冰糖服。
- 治疔毒：倒地鈴鮮品，搗敷患處。

▲ 倒地鈴藥材。

蒴果，膨脹成鈴狀三稜形

葉互生，具長柄，二回三出複葉

藥用部位及效用

藥用部位
全草

效用
清熱、利尿、涼血、去瘀、解毒之效。治肺炎、黃疸、糖尿病、淋病、疔瘡、風濕、跌打傷、蛇咬傷等。

199

烏蘞莓 *Cayratia japonica* (Thunb.) Gagnep.

科 名	葡萄科（Vitaceae）	藥材名	烏蘞莓、五爪龍（臺）
屬 名	烏蘞莓屬	別 名	虎葛、五爪龍、五葉莓

▲ 平野山區常見多年生藤本植物，常被誤認為瓜科之絞股藍。

形態

多年生藤本，卷鬚與葉對生，2歧；葉為掌狀複葉，小葉5枚，葉卵形，頂小葉長橢圓形，粗鋸齒緣，兩面中肋疏生短毛。聚繖花序2-3歧開出，花瓣4片，淡黃或淡紅色，萼4片，雄蕊4枚。漿果球形黑熟。

效用

根有清涼解毒之效，治癰腫、各種腫毒、瘡癤。嫩莖葉外用搗敷治腫毒、諸瘡潰爛，煎汁洗疥癩等。

方例

- 治各種腫毒、瘡癤：根20-40公克煎水或燉雞服。
- 治婦女乳房腫毒、癰腫：取根搗爛，調蜜敷患部。
- 治指頭腫毒：鮮葉，合醋搗敷或葉與三腳別、鹽酸仔草、龍葵等鮮品各20公克，搗敷。
- 治癰疽疔瘡、紅腫痛：五爪龍葉、紫蘇葉、牛舌癀等鮮品各20公克，搗敷患處。

夏季結果，漿果球形

葉為掌狀複葉，葉卵形

藥用部位及效用

藥用部位

根、嫩莖葉

效用

根有清涼解毒，治癰腫、各種腫毒、瘡癤。嫩莖葉外用搗敷治腫毒、諸瘡潰爛，煎汁洗疥癩等。

採收期

| 1 | 2 | 3 | 4 | 5 | 6 |
| 7 | 8 | 9 | 10 | 11 | 12 |

保存

採集地

栽培環境與部位

三葉葡萄 *Tetrastigma dentatum* (Hay.) Li

科 名	葡萄科（Vitaceae）	藥 材 名	三腳鱉
屬 名	崖爬藤屬	別 名	三腳鱉、三腳鱉草、三葉毒葡萄

▲ 三葉葡萄常見於平野至低海拔山區。

形態
多年生藤本，莖具縱稜溝，葉具長柄，三出複葉，小葉具短柄，頂生，小葉長橢圓狀披針形，基部圓形，先端銳尖，側生小葉卵狀長橢圓形，疏鋸齒緣。聚繖花序，腋生，花密生，類白色。漿果球形熟橙色。

效用
利濕、祛瘀、消腫、解毒。治風濕關節痛、瘰癧、乳癰、腫毒、皮膚病等。

方例
- 治風濕關節痛：以粗莖切片20-40公克半酒水燉瘦肉。或浸米酒或高粱酒一個月後服。
- 治瘰癧：三腳鱉根、刺波根、金櫻根、哈哼花（家蛇草）、半枝蓮各20-30公克，半酒水燉瘦肉服。
- 治乳癰：與狗尾草、七星草、小金英、山芙蓉、鵝不食草各20公克，水煎服。
- 治皮膚病：鮮葉搗碎，用醋煮，塗抹患部。

三出複葉，小葉長橢圓狀披針形

莖具縱稜溝

春夏間開花，類白色

藥用部位及效用

藥用部位
莖

效用
利濕、祛瘀、消腫、解毒。治風濕關節痛、瘰癧、乳癰、腫毒、皮膚病等。

採收期

保存　採集地　栽培環境與部位

小葉葡萄 *Vitis thunbergii* S. et Z. var. *taiwaniana* Lu

科 名	葡萄科（Vitaceae）	藥 材 名	小本山葡萄
屬 名	葡萄屬	別 名	細葉山葡萄、細本山葡萄、小山葡萄、山葡萄

▲ 平野山區或栽培之多年生藤本植物。

形態

多年生藤本。幼莖被紅褐色毛。卷鬚與葉對生，不分歧。葉互生，三角狀卵形，3-5裂，疏粗鋸齒緣，裂片闊卵形，背面具紅褐色絨毛。聚繖狀穗狀花序，花密生小形，淡黃色。漿果球形，熟紫黑色。

效用

補腎明目、祛風、解毒、補血之效。治眼疾、風濕、腎虛、肺疾、乳癰、無名腫毒。

方例

- 治眼疾：小山葡萄20公克，水煎服。或與桑根、枸杞根、龍吐珠、鼠尾癀各10公克，燉雞服。
- 治腰痠：本品40公克，半酒水燉排骨服。
- 治乳癰（乳腺炎）初起、腫痛、惡寒、發熱者：本品20公克，山芙蓉根、鈕茄根、武靴藤根，野牡丹莖、魚尖草各10公克，水煎服。
- 治肺炎：取根鮮品，搗汁服，或取根20-40公克，水煎燉瘦肉服。
- 治腫毒：莖葉鮮品搗敷患處。

三角狀卵形，背面具紅褐色絨毛

幼莖有稜，被紅褐色毛

藥用部位及效用
藥用部位
全株，主用根部
效用
補腎明目、祛風、解毒、補血之效。治眼疾、風濕、腎虛、肺疾及乳癰、無名腫毒。

採收期	保存	採集地	栽培環境與部位

臺灣茼麻 *Abutilon indicum* (L.) *Sweet* subsp. *guineense* (Schumach.) Borss.

科 名	錦葵科（Malvaceae）	藥 材 名	茼麻、冬葵子
屬 名	茼麻屬	別 名	臺灣冬葵子、白麻、幾內亞冬葵子

▲ 平野山區自生之草本植物。

形態

一年生或多年生草本，全草被短細毛。葉卵圓形或心臟形，粗鋸齒緣，具長柄。花單出，腋生，花瓣黃色，5片。蒴果被細刺毛；種子腎形、黑色。

效用

散風、清血熱、開竅活血之效。治神經痛、耳鳴、耳聾、中耳炎、感冒眩暈、瘡瘍、頭痛，種子為緩瀉、潤腸、利尿藥，治慢性膀胱炎、咳嗽。

方例

• 治感冒發熱：全草20-40公克，水煎服。
• 治水腫：根與鳳仙花葉各40公克，水煎服。
• 治耳炎、耳鳴、重聽：根20公克加酒燉瘦肉服。
• 治小孩消化不良：根10-20公克，燉瘦肉服。
• 治惡瘡潰瘍：鮮葉搗敷患部。

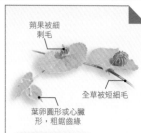

蒴果被細刺毛

全草被短細毛

葉卵圓形或心臟形，粗鋸齒緣

藥用部位及效用

藥用部位
根及莖、種子

效用
散風、清血熱、開竅活血之效。治神經痛、耳鳴、耳聾、中耳炎及感冒眩暈、瘡瘍、頭痛，種子為緩瀉、潤腸、利尿藥，治慢性膀胱炎、咳嗽。

採收期

保存

採集地

栽培環境與部位

磨盤草 *Abutilon indicum (L.) Sweet*

科 名	錦葵科（Malvaceae）	藥 材 名	帽仔盾、冬葵子（種子）
屬 名	茼麻屬	別 名	冬葵子、米藍草、帽仔盾、露葵、朴仔草

▲ 磨盤草為平野山區之亞灌木草本植物。

以果實似磨盤而得名。《神農本草經》列為上品藥，原名葵，為五菜之主，種子稱為冬葵子。另有露葵、滑菜之稱，因古人採葵必待露解，古稱為露葵；而滑菜是指其藥性，能利胃氣、滑大腸，故名。

形態
一年生或多年生亞灌木草本，全株被灰色柔毛。葉互生，心形，長3-7cm，不規則鋸齒，兩面被毛，具長柄，夏秋開花，單生葉腋，花黃色5瓣，長於萼2倍，萼5裂，花柄長達4cm。果實頂端截頭形，心皮有15-20個，如磨盤，成熟的心皮具短芒。

效用
性味甘平，有清熱利濕、活血之功效。有疏風清熱、益氣通竅、祛痰利尿之效。

採收期　　　　保存　採集地　栽培環境與部位

| 1 | 2 | 3 | 4 | 5 | 6 |
| 7 | 8 | 9 | 10 | 11 | 12 |

▲ 花黃色5瓣。

▲ 平野山區之亞灌木草本植物。

▲ 果實如磨盤。

方例

- 治感冒發熱：帽仔盾、雞屎藤、車前草各10公克，水煎服。
- 耳鳴、耳痛：磨盤草20公克，燉瘦肉服或與白芷、望江南各12公克，燉豬尾服。
- 治肺結核：磨盤草、崗梅根各12公克，十大功勞8公克，水煎服。

禁忌：孕婦慎用。

磨盤草藥材

藥用部位及效用

藥用部位

全草

效用

性味甘平，有清熱利濕、活血之功效。有疏風清熱、益氣通竅、祛痰利尿之效。

洛神葵 *Hibiscus sabdariffa* L.

科 名	錦葵科（Malvaceae）	藥 材 名	洛神葵、洛神花
屬 名	木槿屬	別 名	洛濟葵、山茄

▲ 洛神葵多為栽培，花萼肉質粗厚，為洛神茶原料。

形態

灌木，莖多分枝，紅紫色而被有稀疏灰色粗毛。葉互生，3-5深裂之掌狀單葉，裂片長披針形，細鋸齒緣，均散生粗毛。花腋生單立，淡黃色，花心黑色，5片；萼粗厚肉質，5裂，外呈紅紫色。雄蕊多數，花絲合生；雌蕊自雄蕊中抽出，均較花瓣短。

效用

根為強壯及輕瀉藥；種子為輕瀉及利尿、強壯藥。萼水煎調糖當飲料（洛神茶），可消暑、健胃及促進食慾。

採收期

保存

採集地

栽培環境與部位

▲ 洛神葵食用花萼。

▲ 洛神葵成熟種子。

▲ 葉互生，紅紫色被有稀疏灰色粗毛。

▲ 洛神葵花淡黃色，花心黑色。

方例

- 治便秘：根或種子20-40公克，水煎或燉赤肉服。
- 消暑、健胃、促進食慾：洛神花（花萼）適量，水煎調冰糖當飲料。與山楂等量，加桂花，水煎調冰糖當飲料。

花萼肉質粗厚

藥用部位及效用
藥用部位
根、種子、萼
效用
根為強壯及輕瀉劑；種子為輕瀉及利尿、強壯藥。萼水煎調糖當飲料（洛神茶），可消暑、健胃及促進食慾。

木槿 *Hibiscus syriacus* L.

科 名	錦葵科（Malvaceae）	藥 材 名	木槿皮（幹皮）、土槿皮；木槿花（花）、水錦花；木槿子（果實）
屬 名	木槿屬	別 名	水錦花、離障花、朝開暮落花、白水錦花

▲ 木槿多為栽培之多年生灌木，花色多種。

庭園或鄉間居家常以木槿作為藩籬。早晨開花，黃昏即凋謝，有「朝開暮落花」之稱；花色有白、粉紅或淡紫色等。《日華子本草》記載，槿為小木之意，因本植物屬於灌木，故有此名。《本草綱目》另有椴、蕣、日及、朝開暮落花、藩籬草等名。依李時珍之解釋名稱為：「行花朝開暮落，故名日及、日槿、日蕣、猶僅榮一瞬之義。」據《爾雅》所載，椴係指白花木槿，櫬指紅花木槿，而有所區別。

形態

灌木。葉卵形或菱形，常呈3淺裂，粗鋸齒緣。夏秋開花，腋出，單立；花冠鐘形，白色、淡紫色或粉紅色，5裂，裂片倒卵形，雄蕊多數，蒴果長橢圓形。

效用

皮及根止腸風、瀉血、痢後熱渴、煎洗腫痛、疥癬、痔疾、止癢、滅菌。花治腸風、瀉血、白痢。果實治偏正頭風。根皮為消炎、整腸藥、除熱、潤燥、消腫。治便血、下痢、白帶，外用為末搽敷疥癬煎洗痔疾。

採收期　　　　　保存　　採集地　　　栽培環境與部位

▲ 白色花之木槿。

▲ 花冠鐘形。

▲ 木槿藥材。

▲ 木槿花藥材。

方例

- 治淋病、腸炎：木槿花20-40公克，水煎服。
- 治白帶：木槿花7公克，水煎服。
- 治阿米巴痢疾：木槿花、白頭翁各10-20公克，水煎服。
- 治疥癬、痔疾、皮膚病：木槿皮40-75公克，煎汁洗患處。

夏秋開花，花冠鐘形，
花白、淡紫或粉紅

藥用部位及效用

藥用部位

幹皮、花、果實

效用

皮及根止腸風、瀉血、痢後熱渴、煎洗腫痛、疥癬、痔疾、止癢、滅菌。花治腸風、瀉血、白痢。果實治偏正頭風。根皮為消炎、整腸藥、除熱、潤燥、消腫。治便血、下痢、白帶，外用為末搽敷疥癬煎洗痔疾。

209

山芙蓉 *Hibiscus taiwanensis* Hu

科 名	錦葵科（Malvaceae）	藥材名	山芙蓉
屬 名	木槿屬	別 名	芙蓉、木蓮、狗頭芙蓉

▲ 山芙蓉通常於農曆九月降霜時期開花，故有拒霜之名；因花艷如荷花，而有芙蓉、木蓮之名。花色一日三變，早晨是白或淡紅色，再逐漸轉濃，至傍晚成桃紅，因此又名三醉芙蓉或千面美人。此外尚有木蓮、華木、朼木、拒霜等別名。藥性味微辛入肝肺兩經。

形態

落葉大灌木或小喬木，全株密生長毛，葉互生，略呈半圓形，3-5淺裂，裂片闊三角形，邊緣間有鋸齒，基部心形，長7-9cm，寬3-7cm，具長柄。花腋生，白色或粉紅色，單立，具長梗；總苞8片，萼鐘形5裂，外被星狀絨毛；花冠鐘形，基部癒合，有毛。蒴果球形具毛。

效用

消炎、解毒、解熱之效。治癰疽腫毒、消腫排膿、止痛、關節炎。

採收期 | 保存 | 採集地 | 栽培環境與部位

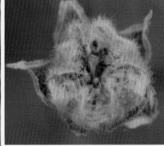

▲ 花色白色或粉紅色。

▲ 葉互生略呈半圓形，3至5淺裂。　　　　　　　　▲ 山芙蓉花與果。

方例

- 治肺癰、膿胸、牙痛：山芙蓉20公克，水煎服。
- 治肋膜炎：山芙蓉根、山甘草、雙面刺及豨薟草各20公克，水煎服。
- 治瘡瘍：根75公克，加酒少許，燉赤肉服。
- 解毒、消腫毒：根與虱母根、觀音串、鈕仔茄、紅骨蛇、穿山龍各40公克燉豬腳服。
- 治關節炎：取根水煎服。

山芙蓉藥材

藥用部位及效用

藥用部位

根、莖

效用

消炎、解毒、解熱之效。治癰疽腫毒、消腫排膿、止痛、關節炎。

朱槿 *Hibiscus rosa-sinensis L.*

科 名	錦葵科（Malvaceae）	藥 材 名	朱槿、扶桑
屬 名	木槿屬	別 名	赤槿、桑槿、扶桑花、紅扶桑、紅木槿

▲ 朱槿多為栽培之多年生灌木。

葉互生，卵狀披針形

全年開花，花冠漏斗形

雄蕊筒及花柱伸出花冠外

藥用部位及效用

藥用部位

根、莖皮、葉、花

效用

葉有解毒、消腫、止血之效。治血熱、衂血、腮腺炎、淋巴腺炎及乳腺炎、癰疽、腫毒。
花有清肺、化痰、涼血、解毒、調經之效。治咳嗽、口腔炎、鼻衂、腮腫、癰疽、痢疾等。

形態

灌木或小喬木。葉互生，卵狀披針形，粗鋸齒緣或小缺刻，下部葉全緣。全年開花，花單性葉腋具長梗常彎垂。萼鐘形5裂，花冠漏斗形，紅色或其他色，花瓣5枚，雄蕊筒及花柱伸出花冠外。蒴果卵形。

效用

根及莖皮有解毒、調經、通便、消炎之效。治咳嗽、支氣管炎、腮腺炎、腹痛、腸炎、尿道炎、月經不調、白帶、皮膚病。

方例

• 治癰疽腮腫：取葉或花同蘄艾、牛蒡葉、調蜜研膏外敷。
• 治咳血：扶桑花，水煎服。
• 治高血壓：扶桑花20-40公克，水煎服。

採收期

保存

採集地

栽培環境與部位

黃槿 *Hibiscus tiliaceu* L.

科 名	錦葵科（Malvaceae）	藥 材 名	黃槿
屬 名	木槿屬	別 名	朴仔、粿葉樹、鹽水面頭果、面頭果

▲ 黃槿分布於海邊、平野山區。

形態

海邊之小喬木。葉心臟形，全緣或微波狀齒緣，掌狀脈7-9條，托葉早落性。花頂生或腋出，聚繖花序，花冠鐘形，黃色，花心暗紅色。萼片5裂，披針形；蒴果闊卵形，外被粗毛。

效用

根為解熱劑、催吐劑。葉及樹皮治咳嗽、支氣管炎。葉外敷腫毒及洗滌劑。

方例

- 治咳嗽、支氣管炎：黃槿嫩葉20-40公克，水煎服。
- 敷腫毒：嫩葉搗敷腫毒。
- 治感冒、解熱：根、鼠麴草、桑葉各20公克水煎服。

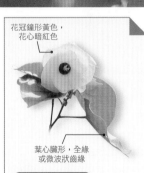

花冠鐘形黃色，花心暗紅色

葉心臟形，全緣或微波狀齒緣

藥用部位及效用

藥用部位
根、葉及樹皮

效用
根為解熱劑、催吐劑。葉及樹皮治咳嗽、支氣管炎。葉外敷腫毒及洗滌劑。

採收期   保存   採集地   栽培環境與部位

細葉金午時花 *Sida acuta* Burm. f.

科 名	錦葵科（Malvaceae）	藥材名	蛇總管、四米草（臺）
屬 名	金午時花屬	別 名	尖葉四米草、賜米草、黃花稔

▲ 平野山區自生之多年生草本植物。

形態

多年生草本或小灌木。葉互生，披針形鋸齒緣，具托葉。花黃色單生或成雙腋出，花瓣5片，萼光滑。蒴果倒卵形，4至9瓣。

效用

根有清涼解毒、利水、健腸胃之效，治肝病、黃疸、腫毒、瘡瘍、消化不良、高血壓、外痔、蛇傷、膿瘡、瘰癧。嫩枝葉外用搗敷癰疽、腫毒。

方例

- 治感冒：莖葉水煎服。
- 治創傷：葉與五爪龍，共搗敷患處。
- 治肝病：根20-40公克，水煎服。
- 治腫毒：根20-40公克，水煎服。或根20公克，埔崙、三白草根各8公克，夏枯草、雙面刺各12公克，燉鴨蛋服。
- 治高血壓：四米草12公克，菜瓜根、牛頓草各10公克，水煎服。

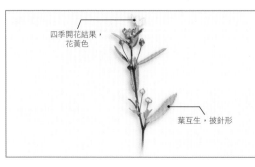

四季開花結果，花黃色

葉互生，披針形

藥用部位及效用

藥用部位

根、莖、嫩枝葉

效用

根有清涼解毒、利水、健腸胃之效，治肝病、黃疸、腫毒、瘡瘍、消化不良、高血壓、外痔、蛇傷、膿瘡、瘰癧。嫩枝葉外用搗敷癰疽、腫毒。

採收期

1	2	3	4	5	6
7	8	9	10	11	12

保存

採集地

栽培環境與部位

金午時花 *Sida rhombifolia* L.

科 名	錦葵科（Malvaceae）	藥 材 名	賜米草、四米草
屬 名	金午時花屬	別 名	大號四米草、圓葉四米草、烏骨四末草

▲ 平野山區自生之多年生植物。

形態

多年生小灌木。葉菱狀披針形，兩面有黑狀毛。花黃色，單生，腋出，果近圓形。

效用

根及莖有清涼解毒、活血散瘀、退火止痛之效，治腫毒、瘡瘍。枝葉治胎毒、癧疽腫毒，外用搗敷腫毒。

方例

- 清涼解毒治瘡疽：根20-40公克，燉鴨蛋服。
- 治癧疽疔瘡、腫毒：根與茶匙癀、雙面刺、魚針草各10公克水煎服。
- 活血散瘀、止痛：全草20-40公克，鼠尾癀、埔銀各15公克，加酒煎服。
- 治尿道結石：根20-40公克，咸豐草、土牛膝、化石草、決明各10公克，水煎紅糖服。
- 治腎虛遺精：取根與小本山葡萄根、牛乳埔根各10公克，水煎服。

花黃色，單生，腋出

葉菱狀披針形，兩面有黑狀毛

藥用部位及效用

藥用部位

根、莖或枝葉

效用

根及莖有清涼解毒、活血散瘀、退火止痛之效，治腫毒、瘡瘍。枝葉治胎毒、癧疽腫毒，外用搗敷腫毒。

採收期

1	2	3	4	5	6
7	8	9	10	11	12

保存

採集地

栽培環境與部位

虱母草 *Urena lobata* L.

科 名	錦葵科（Malvaceae）	藥 材 名	虱母子根
屬 名	野棉花屬	別 名	野棉花、虱母子、肖梵天花、羊帶歸、三腳破

▲ 多年生半灌木，全株被柔毛或星狀毛。

形態

葉互生，下部葉心臟形，鋸齒緣，上部葉橢圓3-5不整狀淺裂，細鋸齒緣，開粉紅色花，單生或簇生葉腋，花瓣5枚。蒴果扁球形，具細毛和鉤刺。

效用

根或全草有祛風利濕、清熱解毒及止血、止痛、散血瘀之效。治感冒發熱、風濕痺痛、自汗、肺癆吐血、胃病、痢疾、淋病、梅毒、癰腫、跌打傷、蛇傷。

採收期　　　　保存　　採集地　　栽培環境與部位

216

▲ 蒴果扁球形，聚細毛和鉤刺。

方例

- 治慢性胃病：虱母子
  根20-40公克，燉豬
  肚服。
- 治月經病：虱母子
  根、金錢薄荷、白益
  母草、蚶殼草各20-
  40公克，水煎服。
- 治腫毒、疔瘡：根與
  忍冬藤、咸豐草根、
  觀音串、雙面刺、龍
  葵各12-20公克，水
  煎服或加肉燉服。
- 治瘡疽：根40-75公
  克，半酒水煎服。

▲ 花單生或簇生，花瓣五枚。

葉互生，下部葉心
臟形，鋸齒緣

蒴果扁球形，具
細毛與鉤刺

藥用部位及效用

藥用部位

根或全草

效用

根或全草有祛風利濕、清熱解毒
、止血、止痛、散血瘀之效。治
感冒發熱、風濕痹痛、自汗、肺
癆吐血、胃病、痢疾、淋病、梅
毒、癰腫、跌打傷、蛇傷。

217

臺灣獼猴桃 *Actinidia callosa* Lindl. var. *formosana* Finet & Gagnep.

科 名	獬猴桃科（Actinidiaceae）	藥 材 名	狐狸核、臺灣獼猴桃
屬 名	獬猴桃屬	別 名	狐狸核

▲ 臺灣獼猴桃為分布於山野之多年生落葉藤本植物。

形態

多年生落葉藤本，莖呈褐色，多皮目。葉互生，長柄，卵狀長橢圓形，銳尖頭，基部鈍圓形，粗細鋸齒緣，兩面無毛。雌雄異株，花白色，腋生。果實橢圓形褐色。

效用

果實有利尿、止痛、益氣之效；治風癢瘡腫、手足痛。莖為強心利尿藥，並治失眠。

方例

• 治急性肝炎：根或莖12-20公克，水煎服。
• 治失眠：莖20-40公克，水煎服。
• 治小便不利：鮮果實，食用或搗汁服。

莖（藤）呈褐色，多皮目

果實橢圓形，外皮呈褐色

藥用部位及效用

藥用部位
果實、莖
效用
果實有利尿、止痛、益氣之效；治風癢瘡腫、手足痛。莖為強心利尿藥，並治失眠。

採收期 　　保存　　採集地　　栽培環境與部位

臺灣羊桃 *Actinidia chinensis* Planch. var. *setosa* Li

科 名	獼猴桃科（Actinidiaceae）	藥 材 名	羊桃藤、獼猴桃
屬 名	獼猴桃屬	別 名	羊桃藤、獼猴桃、臺灣獼猴桃

▲ 臺灣羊桃為分布於山野之多年生藤本植物。

形態

落葉性大藤本植物，全株皆密被赤褐色毛。葉互生，葉片廣卵形或類心臟形，先端短圓而突尖，基部心形，細齒緣，長10-16cm，寬8-14cm，葉背網脈明顯，密被尖褐色星狀毛。雌雄異株，花黃色，聚繖花序，腋生。漿果橢圓形，密被赤褐色絨毛。

效用

果實有利尿、止痛、益氣之效；治風癢、瘡腫、手足痛。莖有強心利尿之效，並治失眠。

方例

• 治急性肝炎：獼猴桃根或莖12-20公克，水煎服。
• 治失眠：獼猴桃莖20公克，水煎服。

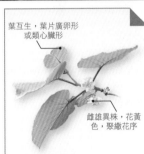

葉互生，葉片廣卵形或類心臟形

雌雄異株，花黃色，聚繖花序

藥用部位及效用

藥用部位
果實、莖（藤）

效用
果實有利尿、止痛、益氣之效；治風癢、瘡腫、手足痛。莖有強心利尿之效，並治失眠。

採收期

保存

採集地

栽培環境與部位

水冬瓜

Saurauia tristyla DC. var. *oldhamii* (Hemsl.) Finet & Gagnep.

科 名	獼猴桃科（Actinidiaceae）	藥 材 名	水冬瓜
屬 名	水冬哥屬	別 名	水冬哥、水東哥、大冇樹、火筒

▲ 喜較潮濕環境，常見在林緣或溪谷沿岸，葉和嫩枝密佈紅褐色剛毛。

形態

常綠小喬木。材質頗脆易斷，嫩芽呈褐色，具剛毛。葉大形，互生，呈橢圓形，先端尖，基部鈍形，粗鋸齒緣或波狀小鋸齒緣。花腋生，為短聚繖花序，纖細，萼片5枚，花瓣5枚，雄蕊多數。漿果白色球形，萼宿存。

效用

葉治刀傷、跌打傷（外用）。根為解熱、鎮痛劑、治腹痛、感冒發熱。

方例

• 治感冒、解熱：水冬瓜根20-40公克，水煎服。
• 治腹痛：水冬瓜根20-40公克，燉赤肉服。
• 治跌打傷：鮮葉，搗敷患處。

葉互生，呈橢圓形

漿果白色球形，萼宿存

藥用部位及效用

藥用部位

葉、根部

效用

葉治刀傷、跌打傷（外用）。根為解熱、鎮痛劑、治腹痛、感冒發熱。

採收期　　　保存　　採集地　　栽培環境與部位

華北檉柳 *Tamarix chinensis* Lour.

科 名	檉柳科（Tamaricaceae）	藥 材 名	西河柳、檉柳、柳枝癀
屬 名	檉柳屬	別 名	西河柳、山川柳、觀音柳、西湖柳、三春柳

▲ 分布於山野濕潤砂地，枝纖弱猶如柳枝而得名。

形態

落葉小喬木或灌木，枝條纖弱而密。葉互生，小形，長橢圓狀披針形之鑿狀鱗片。總狀花序，生於2年之側枝上；花小形兩性，花瓣5片，粉紅色，倒卵形，萼5片；雄蕊5枚，花柱3裂。蒴果狹小，種子先端銳尖。

效用

疏風、解表、透疹、解熱解毒、利尿、解酒毒之效。為透發麻疹痘瘡之藥。治急性或慢性關節風濕、肝炎。外用洗皮膚、治癬。

方例

- 麻疹之透發：西河柳10公克，薄荷5公克，升麻3公克，麻黃2公克，水煎服。
- 治肝炎：與長柄菊、咸豐草各20公克，水煎服。
- 治風濕神經痛：西河柳4公克，樟枝、一條根、桉樹枝各12公克，筆仔草8公克，水煎服。
- 解酒毒、解熱：取枝10-20公克，煎水服。

葉互生，長圓狀披針形之鑿狀鱗片

藥用部位及效用

藥用部位
嫩枝葉

效用
疏風、解表、透疹、解熱解毒、利尿、解酒毒之效。為透發麻疹痘瘡之藥。治急性或慢性關節風濕、肝炎。外用洗皮膚、治癬。

採收期　　　　保存　　　　採集地　　栽培環境與部位

戟葉堇菜 *Viola betonicifolia* J.E. Smith

科 名	堇菜科（Violaceae）	藥 材 名	紫花地丁
屬 名	堇菜屬	別 名	戟葉紫花地丁、箭葉堇菜、雞舌癀

▲ 分布於山野山區之草本植物。

形態

多年生草本，葉長橢圓狀戟形，具長柄，先端漸尖，長2-6cm，基部廣心形，鈍齒
牙緣，背面粉白帶紫色。春至夏開淡紫色花，花梗較葉為長。蒴果橢圓形。

效用

清熱解毒之效。治感冒、小兒發育不良、婦人經痛；外敷腫毒。

方例

• 治小孩發育不良、開胃：全草12-20公克，水煎或燉瘦肉服。或與九層塔根、萬點
金、狗尾草、雞眼草、倒地麻、黃金桂、苦藷、山芙蓉各8公克，燉雞服。

採收期　　　　　保存　　　採集地　　　栽培環境與部位

▲ 葉長橢圓狀戟形。

- 小孩疾患、治感冒、去胎毒：全草鮮品搗汁服。
- 促進肝臟機能：全草與紅蚶殼草、九層塔、苦藤、川芎各12公克，半酒水燉瘦肉服。
- 袪風、婦人經痛：與鴨舌癀、埔姜葉，水煎服。
- 治腫毒：全草搗敷患處。

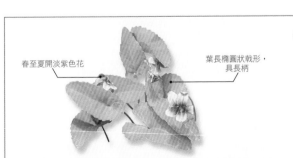

春至夏開淡紫色花

葉長橢圓狀戟形，具長柄

藥用部位及效用

藥用部位

全草

效用

清熱解毒之效。治感冒、小兒發育不良、婦人經痛；外敷腫毒。

椬梧 *Elaeagnus oldhamii* Maxim.

科 名	胡頹子科（Elaeagnaceae）	藥 材 名	椬梧
屬 名	胡頹子屬	別 名	柿糊、軟枝椬梧

▲ 椬梧為分布於平野山區之多年生灌木。

形態

常綠灌木。葉互生，厚革質，倒卵形，先端圓形而常微凹，基部銳形，全緣，表面深綠而有鱗片，背面具痂狀銀白色鱗片及褐色斑點。春至秋季開白色花，2-3朵叢生，腋出。核果球形，銀白色，冬季紅熟。

效用

具袪風濕、散瘀血、消腫之效。治風濕神經痛、久年風傷、產婦感冒、肺癰、跌打傷等。

採收期　　　　　　保存　　採集地　　　栽培環境與部位

▲ 花白色腋生。

方例

- 治風濕、跌打傷：桾梧、黃
  金桂、萬點金、土牛膝根
  各20公克，半酒水煎服。
- 治筋骨酸痛、關節炎：桾
  梧、穿山龍、金英根、武
  靴藤、雙面刺、野牡丹、
  蒼耳根各20公克，半酒水
  燉排骨服。
- 治風濕：桾梧20公克，紅
  內葉刺、小金英、過山
  香、埔姜各10公克，半酒
  水燉排骨服。
- 治風濕關節炎腰痛：與黃金
  桂、武靴藤、入骨丹、雞
  屎藤、桃金孃、桑根各12公克，水煎服。

▲ 核果球形紅熟。

桾梧藥材圖

藥用部位及效用

藥用部位

根及莖

效用

祛風濕、散瘀血、消腫之效。治
風濕神經痛、久年風傷、產婦感
冒、肺癰、跌打傷等。

225

南嶺蕘花 *Wikstroemia indica* C.A. Meyer

科 名	瑞香科（Thymelaeaceae）	藥 材 名	山埔崙、山埔銀
屬 名	蕘花屬	別 名	埔崙、山埔崙、金腰帶、九信藥、了哥王

▲ 平野山區之多年生小灌木，夏季開花，總狀或穗狀花序頂生。

民間傳說昔日小偷以本品之莖皮作腰帶，以防失風被打傷時，可取用嚼食以療傷，故有金腰帶、賊子褲帶之名。

形態
落葉小灌木。高30-100公分，枝紅褐色，葉對生，薄革質，長橢圓形或倒卵形，長2-5公分，寬0.8-1.5公分，基部楔形，先端鈍，全緣。夏季開花，數朵生呈總狀或穗形花序頂生。核果橢圓形，熟呈鮮紅色。

效用
全株苦、寒，有毒。莖葉有清熱解毒、消腫散結、止痛之效。治惡瘡毒、腫毒化膿、花柳毒、跌打損傷、止血。皮部效同根及莖。

採收期	保存	採集地	栽培環境與部位

226

▲ 枝紅褐色，葉對生革質，核果橢圓形紅熟。

方例

- 治麻瘋、百日咳、風濕：山埔崙12-20公克，水煎燉瘦肉服。
- 治瘡疥、腫毒：與野牡丹、山芙蓉、雙面刺各10-20公克加酒燉鴨蛋服。
- 解毒、消腫：埔銀20公克，觀音串、紅骨蛇、鈕仔茄、虱母子根、山芙蓉各10公克，燉鴨蛋服。或埔銀20公克，七日暈4公克，山芙蓉10公克，燉鴨蛋服。
- 治跌打傷：山埔崙20-40公克加酒煎服。
- 治惡瘡：葉鮮品適量和蜂蜜搗敷患處。
- 治便毒：埔崙皮12公克，雙面刺40公克，燉鴨蛋服。

▲ 果實球形，紅熟。

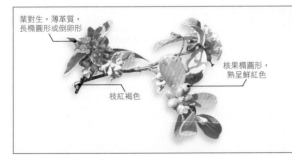

葉對生，薄革質，長橢圓形或倒卵形

核果橢圓形，熟呈鮮紅色

枝紅褐色

藥用部位及效用

藥用部位
根及莖、莖皮

效用
全株苦、寒，有毒。莖葉有清熱解毒、消腫散結、止痛之效。治惡瘡毒、腫毒化膿、花柳毒、跌打損傷、止血。皮部效同根及莖。

227

紫薇 *Lagerstroemia indica* L.

科 名	千屈菜科（Lythraceae）	藥 材 名	紫薇
屬 名	紫薇屬	別 名	紅薇花、怕癢花、百日紅

▲ 紫薇分布於平野山區或栽培之多年生灌木。

形態

落葉性灌木或小喬木，枝幹光滑。葉近對生，上部互生，長橢圓形或倒卵形，長3-7cm，寬2-4cm，先端鈍或尖，基部楔形，全緣。圓錐花序，頂生，花瓣6枚，近圓形，紫紅色，邊緣皺曲，萼6淺裂；雄蕊多數，外側6枚較長，雌蕊1枚。蒴果圓球形。

效用

根治癰腫瘡毒、牙痛、痢疾、行血。葉治痢疾、濕疹、創傷出血。花治赤白帶、疥瘡等。

方例

- 治牙痛：根20-40公克，燉赤肉服。
- 治癰瘡腫毒：根或花，水煎服或研末以醋調敷。
- 治濕疹：紫薇葉搗敷或水煎洗。
- 治痢疾：葉或根水煎服。

蒴果圓球形

葉形長橢圓形或倒卵形

藥用部位及效用	
藥用部位	
根、葉、花	
效用	
根治癰腫瘡毒、牙痛、痢疾、行血。葉治痢疾、濕疹、創傷出血。花治赤白帶、疥瘡等。	

採收期

| 1 | 2 | 3 | 4 | 5 | 6 |
| 7 | 8 | 9 | 10 | 11 | 12 |

保存

採集地

栽培環境與部位

喜樹 *Camptotheca acuminata* Dcne.

科 名	旱蓮科（Nyssaceae）	藥材名	喜樹
屬 名	旱蓮屬	別 名	旱蓮、水栗子、千張樹、水桐樹

▲ 喜樹為平野山區栽培之落葉喬木。

形態

落葉喬木。葉互生，長橢圓形，先端漸尖，全緣。花單生或腋生、頂生，圓錐花序，單性或兩性。花瓣5枚，在芽中鑷合狀，5裂；雄蕊10枚，二列，具細長花絲。果實為翅果狀，多數聚合呈頭狀球形，熟時褐色。

效用

葉、莖，抗癌、清熱、殺蟲、止癢。治血癌、腹水癌、胃癌、腸癌、直腸癌、食道癌、癰腫。

方例

- 治白血病、腹水癌：果或根20-40公克加酒燉瘦肉服。
- 治白血病：喜樹果或樹皮20公克，半酒水煎服。
- 治癰腫、瘡癩：鮮葉加鹽少許搗敷患處。
- 治疥瘡、牛皮癬：樹皮或枝水煎濃縮調凡士林外塗，或枝葉水煎外洗患處。

葉互生，長橢圓形，先端漸尖

藥用部位及效用		
藥用部位		
根、莖、葉、果、樹皮		
效用		
葉、莖，抗癌、清熱、殺蟲、止癢。治血癌、腹水癌、胃癌、腸癌、直腸癌、食道癌、癰腫。		

採收期　　　　　保存　　　採集地　　　栽培環境與部位

安石榴 *Punica granatum* L.

科 名	安石榴科（Punicaceae）	藥材名	石榴根、石榴皮、榭榴
屬 名	石榴屬	別 名	石榴、金罌、紅石榴、榭榴（臺）

▲ 據《博物志》載，漢朝張騫出使西域，得塗林安石國的榴種而返國，而有安石榴之名。又稱石榴、榭榴，另有若木、丹若、金罌等別名。果實熟呈黃紅色，果肉甜美稍帶酸味。因種子甚多，人們多用來象徵多子多孫、富貴滿堂。

形態

落葉性灌木。葉對生或簇生，葉片長橢圓形，基部漸狹，先端尖，全緣。春、夏開花，花瓣6片，紅色，倒卵形皺狀。漿果球形，果皮厚革質，熟黃帶紅色。

效用

根及樹皮驅蛔蟲，治久瀉、久痢、赤白帶。果皮有殺蟲、澀腸、止血之效。治久瀉、久痢、便血、脫肛、滑精、帶下、蟲積腹痛、疥癬等。花治鼻炎、中耳炎、創傷止血等。

採收期	保存	採集地	栽培環境與部位

1	2	3	4	5	6
7	8	9	10	11	12

A

▲ 漿果球形紅熟。

方例

- 驅絛蟲、蛔蟲：石榴皮（根、幹、果皮均可），檳榔子等分，研細末，每次8公克，每日二次，連服二天。
- 治牙疳、鼻疳、衄血：石榴根皮或花8公克，水煎服。
- 治肺癰：石榴花、牛膝各8公克，忍冬藤20公克，百部各10公克，水煎冰糖服。
- 治腎結石：樹皮與金錢草、化石草各20公克水煎服。

▲ 紅熟果實，肉汁甜美。

根之藥材　　　　　　　　果皮藥材

藥用部位及效用
藥用部位
根皮、花、果皮
效用
根及樹皮驅蛔蟲，治久瀉、久痢、赤白帶。果皮有殺蟲、澀腸、止血之效。治久瀉、久痢、便血、脫肛、滑精、帶下、蟲積腹痛、疥癬等。花治鼻炎、中耳炎、創傷止血等。

使君子 *Quisqualis indica* L.

科 名	使君子科（Combretaceae）	藥 材 名	使君子、使君子根
屬 名	使君子屬	別 名	山羊屎、色干子、留求子

▲ 使君子於山野自生或庭院栽培。

宋朝《開寶本草》中記載：「俗傳潘州郭使君療小兒多是獨用此物，後醫家因號為使君子也。」因而得名；台灣民間有山羊屎、色干子等俗稱。這些名稱多取自本植物的果實形態。

形態
落葉性蔓狀灌木。葉對生，長橢圓形，先端漸銳形，基部近心形，全緣，長7-12cm，寬4-6cm，具葉柄。5-9月開花，穗狀花序，頂生，花紅色，花瓣5片，卵圓形，萼筒細長，5裂，裂片三角形；雄蕊10枚，花絲纖細而短，子房下位，1室，花柱極長。10-12月結果，核果呈狹橢圓形，長約2.5cm，外具5稜脊，呈黑色。

效用
果實為驅蛔蟲藥。根有健胃、驅蟲之效，治小兒疳疾、健胃等。

採收期　　　　　保存　　　　　採集地　　栽培環境與部位

▲ 成簇紅色花頗為美麗。

方例

- 健脾胃、治小兒疳疾：根20公克，燉赤肉服。
- 健胃、驅小兒蛔蟲、治疳疾：使君子根、狗尾草各20公克，燉赤肉服。
- 驅蟲、健脾胃：根或使君子20公克，水煎服。

▲ 穗狀花序，頂生。

核果呈狹橢圓形，外具5稜脊，呈黑色。

藥用部位及效用

藥用部位

果實、根及莖

效用

果實為驅蛔蟲。根有健胃、驅蟲之效，治小兒疳疾、健胃等。

233

野牡丹 *Melastoma candidum* D. Don

科 名	野牡丹科（Melastomaceae）	藥 材 名	野牡丹
屬 名	野牡丹屬	別 名	全不留行（誤）、金石榴、埔筆仔、九螺花

▲ 野牡丹分布於平野山區。

野花中花色、花姿最綺麗的一種。以如同牡丹之華艷，為野花之后而得名，但兩者並無近緣關係。台灣民間將本植物之莖及根充當「王不留行」藥材使用，因此又稱不留行、王不留行，其實是誤用。

形態
常綠小灌木，莖略呈方形。全株均密生淡褐色之剛毛。葉對生，長橢圓形，長5-12cm，寬2-6cm，全緣，具柄，脈5-7條。花紫紅色，聚繖花序，頂生或近於枝頂，萼筒壺形，齒裂；雄蕊10枚，長短2型；果球形壺狀，被褐色剛毛。

效用
有消炎、祛風、除濕之效。主治肺癰、風濕、跌打損傷等。

採收期	保存	採集地	栽培環境與部位

▲ 野牡丹為野花中花色、花姿最為綺麗者。

方例

- 治風濕：野牡丹20公克水煎服。
- 治肺癰：與抹草根各20公克，水煎或燉赤肉服。
- 治肺積水：與有骨消根各40公克，燉赤肉服。
- 通經、通乳：根與鴨舌癀各20公克、當歸10公克，燉雞服。

▲ 果實球形被褐色剛毛。

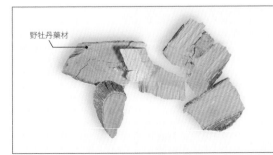

野牡丹藥材

藥用部位及效用

藥用部位

根及莖

效用

有消炎、祛風、除濕之效。主治肺癰、風濕、跌打損傷等。

235

金石榴 *Bredia oldhami Hook. f.*

科 名	野牡丹科（Melastomaceae）	藥 材 名	金石榴
屬 名	金石榴屬	別 名	金榭榴、地丁

▲ 常綠小灌木，紫紅色的花冠，有如石榴之形而得名。

形態

常綠小灌木，葉對生，橢圓狀披針形，長6-9cm，寬2-3cm，疏細鋸齒緣，脈3-5條。複聚繖花序，頂生，花冠紫紅色，各部均為4枚；雄蕊4強，蒴果倒圓錐形。

效用

消炎、袪風除濕之效。治肺癰、風濕、跌打傷。花治腸炎。

方例

- 治風濕：金石榴20-40公克加酒煎服或燉瘦肉服。
- 治肺癰：與抹草根各20公克，水煎或燉瘦肉服。
- 通經、通乳：根配鴨舌癀各20公克，當歸8公克，燉雞服。
- 治腸炎：花20公克，水煎服。

幼嫩部疏生柔毛

蒴果倒圓錐形，種子多數

藥用部位及效用

藥用部位
根及莖

效用
消炎、袪風除濕之效。治肺癰、風濕、跌打傷。花治腸炎。

採收期　　　保存　　採集地　　栽培環境與部位

細葉水丁香 *Ludwigia hyssopifolia* (G. Don) Exell

科 名	柳葉菜科（Onagraceae）	藥 材 名	小本水丁香
屬 名	水丁香屬	別 名	丁香蓼、小本水丁香、小本水香蕉

▲ 分布於郊野濕地，沼澤地區。

形態

一年生草本，枝細多分枝。葉互生，披針形，長1-8cm，寬0.2-3cm。花單生於葉腋，花瓣黃色，稍圓形，萼4片，長橢圓形，蒴果細長筒形具縱稜數條。

效用

根及莖有解熱、利尿、降血壓之效。治慢性腎臟炎、高血壓、吐血、痢疾等。嫩葉有利水消腫，治腎臟炎、高血壓、喉痛。外用治疔瘡、癰疽等。

方例

- 治高血壓：取莖葉20-40公克，水煎服。
- 治痢疾、赤痢：根與鳳尾草、乳仔草各20公克，水煎冰糖服。
- 治水腫：莖葉與玉米鬚、丁豎杇各20公克，水煎服。

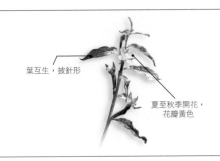

葉互生，披針形

夏至秋季開花，花瓣黃色

藥用部位及效用	
藥用部位	
根及莖葉	
效用	
根及莖有解熱、利尿、降血壓之功。治慢性腎臟炎、高血壓、吐血、痢疾等。嫩葉有利水消腫，治腎臟炎、高血壓、喉痛。外用治疔瘡、癰疽等。	

採收期

1	2	3	4	5	6
7	8	9	10	11	12

保存

採集地

栽培環境與部位

水丁香 *Ludwigia octovalvis* (Jacq.) Raven

科 名	柳葉菜科（Onagraceae）	藥材名	水丁香
屬 名	水丁香屬	別 名	水香蕉、假蕉、水登香、金龍麝頭

▲ 水丁香分布於田野濕地、池沼地區。

形態
葉披針形，稍鈍頭，基部狹呈短柄狀。花單生於葉腋，花瓣黃色，4片，稍圓形，花盤具茸毛，萼裂片卵形，萼、子房有毛。蒴果具數條縱稜。

效用
有解熱利尿、降血壓之效，治慢性腎臟炎、高血壓、吐血、痢疾、牙痛、膚癢。

方例
- 治腎臟炎、膀胱炎、尿道炎：水丁香、乾薑各20公克、澤瀉12公克，水煎加冰糖服。
- 治水腫：與番麥鬚、丁豎杇、烏豆各20公克，水煎服。
- 治高血壓：水丁香20-40公克，水煎或與黃藤根、苦瓜根、土牛膝各20公克，水煎服。
- 治痢疾、赤痢：取根、鳳尾草、乳仔草、龍葵根各20公克，煎冰糖服。
- 治癌症：根與雨傘仔根山澤蘭根各20公克水煎服。

葉披針形，稍鈍頭，基部狹呈短柄狀

藥用部位及效用

藥用部位
根及莖

效用
有解熱利尿、降血壓之效，治慢性腎臟炎、高血壓、吐血、痢疾、牙痛、膚癢。

採收期

1	2	3	4	5	6
7	8	9	10	11	12

保存 A

採集地

栽培環境與部位

三葉五加 *Eleutherococcus trifoliatus* (L.) S.Y. Hu

科 名	五加科（Araliaceae）	藥 材 名	三葉五加
屬 名	五加屬	別 名	三加皮、刺三甲、香藤刺、烏子仔藤

▲ 三葉五加分布於平野山區多年生藤狀灌木。

形態

多年生常綠藤狀灌木，全株具鉤刺，高約3-9cm。葉互生，具柄掌狀三出葉，小葉具短柄，葉片略革質，呈菱形或橢圓形，兩端均狹尖，疏粗鋸齒緣，葉長3-6cm。花細小白色，腋生，繖形花序，花瓣5枚，長橢圓形，先端反捲。漿果扁球形，熟時呈黑色。

效用

根及根皮有清熱、解毒、祛風濕之效。莖皮治胃炎、胃痛、疏經活血、祛風利濕藥、治關節炎、跌打傷。葉治皮膚病、膚癢、疔瘡、癰腫。

方例

- 治癆傷、風濕：根20-30公克，水煎服。
- 治風濕、跌打傷：根40-75公克，半酒水煎服或浸酒服。
- 治腰痛：根或根皮，半酒水煎服。
- 治疔瘡、癰腫：取鮮葉，搗敷患部。
- 治皮膚病：葉煎汁洗患處。

葉互生，掌狀三出葉，葉片呈稜形或橢圓形

藤狀灌木，全株具鉤刺

藥用部位及效用

藥用部位
根及根皮、莖皮、葉

效用
根及根皮有清熱、解毒、祛風濕之效。莖皮治胃炎、胃痛、疏經活血、祛風利濕藥、治關節炎、跌打傷。葉治皮膚病、膚癢、疔瘡、癰腫。

採收期　　　　　保存　　採集地　　栽培環境與部位

239

鵝掌藤 *Schefflera arboricola* Hayata

科 名	五加科（Araliaceae）	藥 材 名	鵝掌藤
屬 名	鵝掌柴屬	別 名	鵝掌蘗、狗腳蹄、七葉藤

▲ 鵝掌藤為平野山區常綠藤狀灌木。

形態

常綠藤狀灌木。掌狀複葉，互生，總葉柄基部葉鞘狀，托葉合生於柄基部；小葉七枚，葉片長卵圓形，厚革質，全緣。花簇生成繖房花序，複聚合呈長圓錐花序，頂生花淡綠色，花瓣5-7枚，卵形，雄蕊5-7枚，花萼5齒裂。果實球形，熟呈橘紅色。

效用

祛風除濕、活血、止痛、壯筋骨、消腫之效。治胃痛、風濕、痺痛、關節炎、跌打損傷等。

方例

- 治風濕痛：鵝掌藤根40-75公克加酒燉排骨服。
- 治風濕關節痛：鵝掌藤、龍船花葉、大風艾各適量，共搗用酒炒熱，敷患部。
- 治跌打傷：鮮葉搗敷患部。
- 治外傷出血：鮮葉適量搗敷患部。

掌狀複葉，互生，
小葉七枚

藥用部位及效用

藥用部位

根、莖葉

效用

祛風除濕、活血、止痛、壯筋骨、消腫之效。治胃痛、風濕、痺痛、關節炎、跌打損傷等。

採收期　　　保存　　採集地　　栽培環境與部位

濱當歸 *Angelica hirsutiflora* Liu, Chao & Chuang

科 名	繖形科（Umbelliferae）	藥 材 名	濱當歸
屬 名	當歸屬	別 名	毛當歸、山當歸

▲ 濱當歸分布於北部濱海地區。

形態

多年生大草本。高達1-2m，根生葉或下部葉大，三出二回羽狀複葉，小羽葉對生，頂小葉常三裂，葉鞘膨大包莖，小葉廣卵形，鈍鋸齒緣。花莖長頂生，複繖形花序，花冠白色，花瓣卵形，5枚；雄蕊5枚。果扁長橢圓形具翼。

效用

補血行血、調經止痛之效。治月經不調、經閉腹痛、貧血、癰疽瘡瘍、赤痢等。

方例

• 治月經不調、經閉腹痛、貧血：濱當歸、川芎、芍藥、熟地黃各12公克，水煎服。或調酒燉雞服。
• 治癰疽瘡瘍、燙傷、跌打傷：濱當歸與紫根等量，研末調麻油，塗患部。

抽出花莖，花冠白色

藥用部位及效用

藥用部位

根

效用

補血行血、調經止痛之效。治月經不調、經閉腹痛、貧血、癰疽瘡瘍、赤痢等。

採收期

1	2	3	4	5	6
7	8	9	10	11	12

保存

採集地

栽培環境與部位

雷公根 *Centella asiatica (L.) Urban*

科 名	繖形科（Umbelliferae）	藥 材 名	蚶殼草、老公根
屬 名	雷公根屬	別 名	蚶殼草、含殼草、蚶殼仔草、老公根

▲ 平野陰濕地群生。

形態

匍匐性多年生草本，全株疏被軟毛，莖常略帶淡紫色，於伸長之枝節上著生根及葉。根生葉具長柄，圓腎形，鈍鋸齒緣，長寬2-5cm。花淡紅色，細小、卵形；繖形花序，梗短，著生3-4花。果實球形。

效用

解熱、解毒、清暑之效。治腹痛、腹瀉、高血壓、解熱，並為小兒科良藥。

方例

- 治腹痛、腸炎、霍亂吐瀉：老公根鮮品40-75公克，水煎或搗汁加紅糖服。
- 治霍亂：全草與鳳尾草、酢漿草各適量水煎服。
- 治胃腸炎：蚶殼草、咸豐草各20公克，水煎服。
- 治濕熱黃疸：老公根40公克水煎調冰糖服。
- 治中暑、腹瀉、解熱：取鮮全草水煎服。
- 治疔瘡腫毒：鮮全草搗敷患處。

根生葉具長柄，圓腎形

藥用部位及效用

藥用部位

全草

效用

解熱、解毒、清暑之效。治腹痛、腹瀉、高血壓、解熱，並為小兒科良藥。

採收期　　　　　　保存　　　採集地　　栽培環境與部位

懷香 *Foeniculum vulgare* Gaertner

科 名	繖形科（Umbelliferae）	藥材名	茴香、小茴香
屬 名	茴香屬	別 名	茴香、小茴香、土茴香、南茴香

▲ 懷香多為栽培或平野自生草本植物。

形態

多年生草本，有強烈香氣。莖生葉互生，葉片3-4回羽狀分裂，裂片多數線形，近頂端者細絲狀，葉柄基部鞘狀抱莖。複繖形花序頂生，花小黃色，花瓣5枚。雙懸果扁橢圓形，具縱稜數條。

效用

能健胃袪風、袪痰、催乳。治瘧疾、腎病、腹痛、腰痛、小腸疝氣痛、消化不良、腳氣。

方例

- 治慢性氣管炎、咳嗽：小茴香2公克，杏仁、浙貝各10公克、陳皮5公克、海藻8公克，水煎。
- 治胃腸脹、消化不良：小茴香15-20公克，水煎服。
- 腰痛：與當歸、芍藥、川芎、地黃、杜仲各10公克，半酒水煎服。
- 治創傷蟲傷：鮮葉搗汁塗。
- 催乳：小茴香、蒲公英各10-20公克，水煎服。

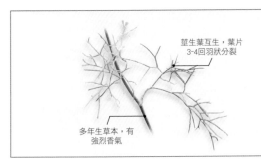

莖生葉互生，葉片3-4回羽狀分裂

多年生草本，有強烈香氣

藥用部位及效用

藥用部位

果實、莖葉

效用

健胃袪風、袪痰、催乳之效。治瘧疾、腎病、腹痛、腰痛、小腸疝氣痛、消化不良、腳氣。

採收期

1	2	3	4	5	6
7	8	9	10	11	12

保存

採集地

栽培環境與部位

臺灣天胡荽 *Hydrocotyle formosana* Masamune

科名	繖形科（Umbelliferae）	藥材名	臺灣天胡荽、遍地錦
屬名	天胡荽屬	別名	遍地錦、變地錦

▲ 平野陰濕地群生。

形態

多年生草本，莖細長，匍匐有節，著地常生鬚根。葉著生於節上，一至數枚，互生，盾狀圓形，3-5深裂，幾至基部，裂片先端呈不同深度淺裂，表面光滑被疏毛，柄長3-5cm。春、夏間開花，小繖形花序，腋生具長柄，花聚生約10朵，白色。果實扁球形。

效用

解熱、利尿、解毒之效。治感冒、喉痛、腸炎、腎結石、癰瘡、跌打傷等。

方例

- 治喉痛：遍地錦、酢漿草各20公克搗汁加鹽服。
- 治腎結石：全草與化石草各40公克，水煎服。
- 治帶狀疱疹：遍地錦、龍葵、兔兒菜、紫背草、鼠尾癀、臭杏、功勞木等鮮草，共搗外敷。
- 治感冒：遍地錦、馬蹄金、雷公根、一支香、水竹菜各12公克水煎服。

葉著生於節上，盾狀圓形

藥用部位及效用

藥用部位

全草

效用

解熱、利尿、解毒之效。治感冒、喉痛、腸炎、腎結石、癰瘡、跌打傷等。

採收期

1	2	3	4	5	6
7	8	9	10	11	12

保存　

採集地

栽培環境與部位

乞食碗 *Hydrocotyle nepalensis* Hook.

科 名	繖形科（Umbelliferae）	藥 材 名	含殼錢草
屬 名	天胡荽屬	別 名	含殼錢草、變地忽、變地錦、紅骨蚶殼草

▲ 平野陰濕地群生。

葉片呈腎狀圓形，表面被硬毛

藥用部位及效用

藥用部位

全草

效用

全草為解熱藥。治感冒、咳嗽痰血、跌打傷，外用搗敷腫毒。

形態

多年生草本，莖匍匐性，於節上著生根及葉，葉片呈腎狀圓形，5-9裂，粗鋸齒緣，基部深凹心形，長1-3cm，寬2-4cm，葉表面被硬毛，背面脈上疏生硬短毛。花腋生，繖形花序，單生或叢生，花呈白色或淡黃白色，小形。果實單生或成叢，無梗，近圓形。

效用

全草為解熱藥。治感冒、咳嗽痰血、跌打傷，外用搗敷腫毒。

方例

• 治感冒、解熱：全草40-75公克，水煎調冰糖服。
• 治跌打傷：含殼錢草、大鹽酸草各等分，半酒水煎服，並取鮮品搗敷患處。

採收期

保存

採集地

栽培環境與部位

防葵 *Peucedanum japonicum* Thunb.

科名	繖形科（Umbelliferae）	藥材名	防葵
屬名	前胡屬	別名	日本前胡、牡丹防風、防風

▲ 防葵分布濱海地區之多年生草本植物。

形態

多年生草本。莖基部分枝，根生葉叢生多數。葉柄基部呈鞘狀，1-3回三出複葉，小葉倒卵狀楔形。花白色，複繖形花序。雙懸果，長橢圓狀卵形，分果背稜細線狀，側稜翼狀。

效用

治感冒、咳嗽、痛風、膀胱及腸疾患等。

方例

- 治感冒、咳嗽：根與麥門冬各12公克，水煎服。
- 治感冒：根與枇杷葉、杏仁、橘紅各6公克，細辛、五味子、川貝、薄荷、甘草各4公克水煎服。
- 治風濕痛風：根與牛膝、車前子各20公克，加酒或燉赤肉服。

1-3回三出複葉，
小葉倒卵狀楔形

藥用部位及效用

藥用部位
根部

效用
治感冒、咳嗽、痛風、膀胱及腸疾患等。

採收期

保存 採集地 栽培環境與部位

白花藤 *Plumbago zeylanica* L.

科 名	藍雪科（Plumbaginaceae）	藥 材 名	白花藤、烏面馬
屬 名	烏面馬屬	別 名	烏面馬、黑面馬

▲ 分布於平野山區之多年生草本植物。

形態

多年生木質草本。高1-1.8m，枝幹叢生，枝梢蔓性伸長。葉互生，長橢圓形，鈍頭或銳頭。四季開白花，總狀花序，數十朵著生於枝端。萼筒狀，綠色，外被腺毛，宿存性。花冠筒狀細長。瘦果長橢圓形。

效用

根莖有行血通經之效。治跌打傷、蛇傷、調經、發育不良，外用治疥癬。葉治跌打損傷、祛瘀。

方例

- 治跌打傷：根與虎杖各10公克，半酒水燉雞服。
- 發育不良：根6公克、蚶殼草20公克加酒燉雞服。
- 通經：烏面馬根10公克、鴨舌癀20公克煎水服，或烏面馬根12公克，紅根仔草、當歸各8公克，水煎服。葉與鴨舌癀葉炒雞蛋服。

葉互生，長橢圓形，鈍頭或銳頭

藥用部位及效用

藥用部位
根及莖、葉

效用
根、莖有行血通經之效。治跌打傷、蛇傷、調經、發育不良，外用治疥癬。葉搗敷跌打損傷、祛瘀。

採收期

1	2	3	4	5	6
7	8	9	10	11	12

保存

採集地

栽培環境與部位

247

長春花 *Catharanthus roseus* (L.) G. Don

科 名	夾竹桃科（Apocynaceae）	藥 材 名	長春花、四時春、日日春
屬 名	長春花屬	別 名	四時春、日日春

▲ 長春花為居家庭園栽培或平野山區自生。

形態

一年生草本。葉對生，長橢圓形，全緣。花淡紅紫色或白色，腋生，花冠高盆狀5裂下部細長而成筒狀。蓇葖果。

效用

止痛、消炎、安眠、健胃、通便、利尿之效，治痢疾、胃痛、腹痛、癌症。

方例

- 治腸炎、痢疾腹痛：全草12-20公克，水煎加紅糖服。
- 治腫毒、瘡癤、瘰癧、腮腺炎：鮮莖葉搗敷。
- 治癌症：以鮮莖10-20公克，水煎服。
- 治子宮癌：全草花20公克，水煎加冰糖服。

花淡紅紫色或白色，花冠筒狀

長橢圓形，全緣

藥用部位及效用

藥用部位
全草
效用
止痛、消炎、安眠、健胃、通便、利尿之效，治痢疾、胃痛、腹痛、癌症。

採收期

| 1 | 2 | 3 | 4 | 5 | 6 |
| 7 | 8 | 9 | 10 | 11 | 12 |

保存　A

採集地

栽培環境與部位

20～25

蘿芙木 *Rauwolfia verticillata* (Lour.) Baillon

科 名	夾竹桃科（Apocynaceae）	藥 材 名	蘿芙木、白花蓮
屬 名	蘿芙木屬	別 名	白花蓮、山馬蹄、山胡椒

▲ 蘿芙木分布於山野地區之常綠灌木。

形態

常綠灌木，葉3枚輪生，倒披針形，兩端銳尖，全緣，長4-14cm，寬1-4cm，聚繖花序，腋出或頂生，3叉狀分歧，花冠白色，先端5裂，裂片闊卵形，雄蕊5枚；雌蕊2枚。核果長橢圓形。

效用

清涼解毒、消腫退癀、鎮靜及降低血壓之效。治膚癀、下消、白帶、風濕、高血壓等。

方例

- 解毒、治膚癀：白花蓮20-40公克，水煎服。
- 祛風濕、清涼解毒、治膚癀：白花蓮、忍冬藤各20公克，燉赤肉服。
- 治下消：白花蓮20-40公克，燉豬腸服。
- 治白帶：白花蓮20-40公克，水煎服。

四季開花，花冠白色

葉3枚輪生，倒披針形

藥用部位及效用

藥用部位
根、莖部

效用
清涼解毒、消腫退癀、鎮靜及降低血壓之效。治膚癀、下消、白帶、風濕、高血壓等。

採收期

保存

A

採集地

栽培環境與部位

馬蹄花 *Tabernaemontana divaricata* (L.) R. Br. ex Roem. & Schult.

科 名	夾竹桃科（Apocynaceae）	藥 材 名	山馬茶、馬蹄花
屬 名	馬蹄花屬	別 名	馬茶花、山馬蹄

▲ 馬蹄花分布於山野或栽培之灌木植物。

形態
落葉灌木；葉對生或輪生，長橢圓形，長8-10cm，先端銳尖，基部銳形，全緣。聚繖花序，花4-6朵，花冠白色，不齊分裂，波狀形，冠筒狹長，萼5深裂，雄蕊5枚；蓇葖果具毛，種子3-6粒，紅色。

效用
根治風邪，莖葉有降血壓、解熱、利尿之效，治高血壓、感冒、發熱等。

方例
- 治高血壓：莖20-40公克，水煎服。
- 治高血壓：山馬茶、戟菜、雷公根各20公克，水煎服。
- 解熱、利尿：莖與車前草、戟菜、茅根各20公克，水煎加冰糖服。

葉對生或輪生，長橢圓形

全株光滑，小枝分枝

藥用部位及效用

藥用部位
莖葉、根
效用
根治風邪，莖葉有降血壓、解熱及利尿之效，治高血壓、感冒、發熱等。

採收期　保存　採集地　栽培環境與部位

250

絡石 *Trachelospermum jasminoides* (Lindl.) Lemaire

科 名	夾竹桃科（Apocynaceae）	藥 材 名	絡石、絡石藤
屬 名	絡石屬	別 名	臺灣白藤花、絡石藤、石龍藤

▲ 絡石分布於平野山區攀附樹上之常綠藤本植物。

形態

常綠藤本。葉對生，葉片橢圓形或卵狀披針形，略革質，花白色，聚繖花序，冠筒長，高盆形，5裂，開放時作旋轉狀而平展，花萼片5深裂。蓇葖果，種子具白色冠毛。

效用

有祛風濕、行血、通絡、消腫之效，治關節痛、腰膝痠痛、咽喉腫痛、癰腫、跌打傷等。

方例

- 治癰腫：絡石藤15公克，甘草節、忍冬各10公克，沒藥、乳香各5公克，水煎服。
- 治癰腫疔瘡：絡石藤、山芙蓉、雨傘仔、鈕仔茄、魚針草、武靴藤各12公克，水煎服。
- 祛風濕、壯筋骨：全草20-40公克加酒燉豬腳服。
- 行血治跌打傷：絡石藤、苦藍盤、穿山龍各20-40公克，半酒水煎服。

葉片橢圓形或卵狀披針形

藥用部位及效用

藥用部位

莖、葉

效用

有祛風濕、行血、通絡、消腫之效，治關節痛、腰膝痠痛、咽喉腫痛、癰腫、跌打傷等。

採收期　　　　　保存　　採集地　　栽培環境與部位

武靴藤 *Gymnema sylvestre* (Retz.) Schult.

科 名	蘿藦科（Asclepiadaceae）	藥 材 名	武靴藤
屬 名	武靴藤屬	別 名	羊角藤

▲ 武靴藤於平野或海濱地區之藤本植物。

形態

多年生纏繞性藤本。葉對生，卵狀橢圓形，先端銳尖，基部鈍形，全緣，被細短柔毛。花黃色，細小，密生成聚繖花序，萼片有毛。蓇葖果長尖卵形似羊角；種子扁平具白色冠毛。

效用

消腫、解毒、清熱涼血之效。治多發性膿腫、乳腺炎、癰腫、蛇傷等。

方例

- 治癰瘡腫毒：武靴藤10-20公克，水煎服；鮮葉搗敷患處。
- 治蛇傷：莖及根，半酒水煎服，並以鮮品搗敷患處。
- 降血糖：武靴藤葉、咸豐草各20公克，水煎服。

葉對生，卵狀橢圓形，葉柄被細短柔毛

藥用部位及效用
藥用部位
根及莖
效用
消腫、解毒、清熱涼血之效。治多發性膿腫、乳腺炎、癰腫、蛇傷等。

採收期

保存

採集地

栽培環境與部位

馬利筋 *Aseclepias curassavica* L.

科名	蘿藦科（Asclepiadaceae）	藥材名	馬利筋、尖尾鳳
屬名	馬利筋屬	別名	尖尾鳳、蓮生桂子花、芳草花

▲ 一年生或多年生草本，節明顯，具白色乳汁。

形態

一年生或多年生草本。節明顯，具白色乳汁。葉對生，披針形，長6-12cm，寬1-2cm，先端狹尖，全緣。繖形花序，腋生或頂生，雌花梗長，花冠紫紅色5深裂，副花冠5枚。雄蕊5枚，花絲連成管狀雌蕊2枚。蓇葖果，種子具冠毛。

效用

全草有消炎解熱、活血、止血、祛痰之效。治扁桃腺炎、肺炎、支氣管炎、尿道炎、月經不調、創傷。根為催吐、瀉藥，治蛇傷、腫毒、腫癌等。

方例

• 治腫毒：鮮品20公克，搗敷患處。
• 治創傷：鮮葉10-20公克，側柏葉、功勞木各10公克，水煎服，或搗敷患處。

春夏間開花

葉對生，披針形，
先端狹尖，全緣

藥用部位及效用

藥用部位
全株具白色乳汁

效用
全草有消炎解熱、活血、止血、祛痰之效。治扁桃腺炎、肺炎、支氣管炎、尿道炎、月經不調、創傷。根為催吐、瀉藥，治蛇傷、腫毒、腫癌等。

採收期

保存

採集地

栽培環境與部位

菟絲子 *Cuscuta australis* R. Brown

科 名	旋花科（Convolvulaceae）	藥 材 名	菟絲子
屬 名	菟絲子屬	別 名	無根草、豆虎、豆菟絲、金線草

▲ 平野路旁及雜草上寄生蔓性草本。無葉或退化成鱗片狀，夏、秋間開細小白色花，花冠短鐘形。

菟絲子始載於《神農本草經》，列為上品藥，一名菟蘆。郊外或庭園中常見的黃色或帶綠白色絲狀蔓生的寄生草本植物，通常纏繞在其他植物的枝幹上，因初生之根形似兔而得名菟絲。菟絲子本是指其種子，但一般用來指稱整株植物。

形態
一年生寄生蔓性草本。莖絲狀光滑，呈淡黃綠色，攀纏於寄主植物。無葉或退化成鱗片狀，互生。夏、秋間開細小白色花，肉質，花冠短鐘形5裂。瘦果，種子廣卵形，熟呈褐色。

效用
全草有清熱涼血、解毒之效。治吐血、衄血、便血、淋濁、帶下、痢疾、黃疸、癰疽、疔瘡等。種子有補肝腎、明目之效，治腰膝痠痛、尿血、遺尿、消渴。

採收期　　　　　保存　　採集地　栽培環境與部位

▲ 莖淡綠色攀纏於寄主植物。

方例

- 治陽痿遺精、腰膝痠痛、白帶：全草鮮品20-40公克，水煎加酒及紅糖服。
- 治痢疾：全草與生薑煎服。
- 治補腎、壯陽：菟絲子、蛇床子各20公克，枸杞子、黃耆、地黃、杜仲各10公克，半酒水煎服。
- 治腰痛：菟絲子、杜仲各20-40公克加酒燉排骨服。
- 治遺精、小便白濁：菟絲子、茯苓、蓮子各10-20公克，加酒燉瘦肉服。

▲ 瘦果、種子熟呈褐色。

菟絲子補肝腎、明目

藥用部位及效用

藥用部位

全草、種子

效用

全草有清熱涼血、解毒之效。治吐血、衄血、便血、淋濁、帶下、痢疾、黃疸、癰疽、疔瘡等。種子有補肝腎、明目之效，治腰膝痠痛、尿血、遺尿、消渴。

255

馬蹄金 *Dichondra micrantha* Urban

科 名	旋花科（Convolvulaceae）	藥 材 名	馬蹄金
屬 名	馬蹄金屬	別 名	馬茶金、小金錢草

▲ 馬蹄金於平野山區濕地群生。

形態

多年生草本，單葉互生，圓形乃至腎形，先端圓形，偶微凹，基部深心形，全緣。春、夏間開花，花小白色，單生腋出，花鐘形，先端5裂。蒴果近球形。

效用

清熱利尿、活血、消炎、解毒之效。

方例

• 治小兒胎毒：馬蹄金、菁芳草各適量，搗汁服。
• 治小兒疳熱、眼赤痛：馬蹄金20公克，水煎服。
• 治傷風感冒：馬蹄金20-40公克，水煎服。
• 治中暑腹痛：鮮品80公克，搗汁加酒或開水服。
• 治腹脹痛：與咸豐草、兔兒菜各20公克水煎服。
• 治膀胱、膽結石：與滿天星、蚶殼草、蒲公英各20公克，水煎服。
• 治跌打傷：鮮品與生薑2片，共搗擦傷處。

單葉互生，圓形乃至腎形

（藥用部位及效用）
藥用部位
全草
效用
清熱利尿、活血、消炎、解毒之效。治發熱、眼痛、黃疸、腹脹、慢性胃腸炎、痢疾、結石淋痛、水腫、經閉、疔瘡、腫毒、小兒胎毒、疳熱、跌打傷等。

採收期 　保存 　採集地 　栽培環境與部位

馬鞍藤 *Ipomoea pes-caprae* (L.) R.Br. subsp. *brasiliensis* (L.) Oostst.

科 名	旋花科（Convolvulaceae）	藥 材 名	馬鞍藤
屬 名	牽牛屬	別 名	鱟藤、馬蹄草、厚藤、二葉紅蕃

▲ 馬鞍藤於海濱沙地群生。

形態

多年生草本，莖細長而匍匐地面；葉互生，厚革質，圓形至廣卵形，先端凹缺，形如馬鞍，故名。花夏季最盛，聚繖花序，花冠紅紫色，漏斗狀，徑約5-6cm，朝開暮謝；雄蕊5枚；蒴果，具宿存萼，熟時四裂，種子褐色被密毛。

效用

祛風濕、消癰散結之效。

方例

- 治關節炎：馬鞍藤20-40公克，半酒水煎服。
- 治疔瘡腫毒：馬鞍藤20-40公克，水煎調紅糖服。
- 治風濕關節炎：馬鞍藤、木蝴蝶（故紙）、鉤藤、雞血藤各20公克，當歸8公克，半酒水燉排骨服。
- 治痔瘡：馬鞍藤40公克，豬腸燉服。

葉互生，厚革質，圓形至廣卵形，先端凹缺，形如馬鞍

莖細長而匍匐地面

藥用部位及效用

藥用部位
莖、葉

效用
祛風濕、消癰散結之效。治風濕痹痛、癰疽腫毒、疔瘡、痔漏。

採收期　　　保存　採集地　栽培環境與部位

狗尾草 *Heliotropium indicum* L.

科 名	紫草科（Boraginaceae）	藥 材 名	耳鉤草
屬 名	天芹菜屬	別 名	耳鉤草、狗尾蟲、金耳墜、蟾蜍草

▲ 狗尾草為平野山區自生或栽培之草本植物。

形態

一年生草本。全株密被細毛。葉互生或對生，葉片皺縮，卵形先端尖銳，基部鈍形，長3-8cm，寬2-5cm，鈍鋸齒或細波狀緣，具柄略呈翼狀。穗狀花序，花淡紫色或白色，鐮狀卷曲，頂生，無苞。花冠盆形5裂，先端鈍圓，齒緣，萼片深裂。雄蕊5枚，子房4室。瘦果廣卵形。

效用

解熱、利尿、消腫、解毒之效。治肺炎、肺積水、酒後感冒、咽喉痛、癰腫、小兒急驚等。

採收期	保存	採集地	栽培環境與部位
1 2 3 4 5 6 7 8 9 10 11 12	A		

▲ 全草密被細毛，葉片皺縮。

方例

- 解熱治感冒：全草10-20公克，水煎服。
- 治癰腫：狗尾草水煎服或鮮葉搗敷患處。
- 治腫瘤（腹水型白血病）：鮮葉或全草，水煎服。

▲ 狗尾草藥材乾燥保存。

狗尾草鮮品

藥用部位及效用
藥用部位
全草
效用
解熱、利尿、消腫、解毒之效。治肺炎、肺積水、酒後感冒、咽喉痛、癰腫、小兒急驚等。

杜虹花 *Callicarpa formosana Rolfe*

科 名	馬鞭草科（Verbenaceae）	藥 材 名	粗糠根、白粗糠
屬 名	紫珠屬	別 名	紫珠、毛將軍、粗糠樹、白粗糠

▲ 葉對生，長卵生，先端漸尖。

形態

常綠灌木，全株被褐色柔毛。葉對生，長卵形，長8-15cm，寬3-7cm，先端漸尖，基部鈍形，細鋸齒緣。花期春季，聚繖花序，腋生，由多數小花成簇，花冠粉紅色，萼4淺裂；雄蕊4枚，柱頭膨大。核果小球形，熟呈紫色。

效用

補腎滋水、清血去瘀之效。治風濕症、神經痛、手腳痠痛、喉痛、腎虛、白帶、眼疾等。

採收期	保存	採集地	栽培環境與部位

▲ 白杜虹花。

方例

- 治風濕關節痛：根或莖20-40公克，水煎或加酒燉排骨服。
- 治手腳痠痛：根20-40公克，半酒水燉赤肉服。
- 治神經痛：白粗糠40公克，楦梧根、過山香、黃金桂、野牡丹各20公克加酒燉豬尾服。
- 治腎虛、白帶、淋病：白粗糠根、龍船花根、白肉豆根、龍眼根各20公克，水煎服。

▲ 花期春季，聚繖花序。

葉對生，長卵形，先端漸尖

藥用部位及效用
藥用部位
根莖
效用
補腎滋水、清血去瘀之效。治風濕症、神經痛、手腳痠痛、喉痛、腎虛、白帶、眼疾等。

261

化石樹 *Clerodendrum calamitosum* L.

科 名	馬鞭草科（Verbenaceae）	藥 材 名	大號化石草
屬 名	海州常山屬	別 名	爪哇大青、大號化石草、圓葉化石草

▲ 化石樹為平野或居家栽培之灌木。

形態

落葉灌木，枝纖細，具絨毛。葉對生，闊橢圓形，長8-10cm，寬4-5cm，粗糙，主脈側脈及網脈均凹入而皺縮，鈍頭，粗鋸齒緣，柄長1-3cm。聚繖花序，頂生或花梗腋出，花冠白色，有毛，花筒長2-3cm，裂片狹倒卵形，萼片狹長方形。核果球形。

效用

利尿藥，治膀胱結石、膽結石、腎結石。常與貓鬚草（化石草）合用。

方例

• 治腎結石、膀胱結石：化石葉6-10公克，水煎服。
• 膀胱結石、腎結石、膽結石：化石葉、貓鬚草各8公克，水煎服。或化石樹莖葉10-20公克，水煎調紅糖服。或化石葉、化石草各10公克，水煎調紅糖服。

葉對生，闊橢圓形，主脈側脈及網脈均凹入而皺縮

藥用部位及效用

藥用部位
___
葉或地上部

效用
___
利尿藥，治膀胱結石、膽結石、腎結石。常與貓鬚草（化石草）合用。

採收期　　　　保存　　　採集地　　栽培環境與部位

臭茉莉 *Clerodendrum chinense* (Osbeck) Mabbberly

科 名	馬鞭草科（Verbenaceae）	藥 材 名	臭茉莉
屬 名	海州常山屬	別 名	臭梧桐、山茉莉、白茉莉

▲ 臭茉莉為常綠小灌木。

形態
常綠小灌木，莖直立，全株被毛。葉卵圓形，長寬均為15-20cm，波狀缺裂，基部心形，具長柄。聚繖花序，著生於枝梢，花重瓣白色，雄蕊常退化，或僅剩1-2枚。

效用
治五毒症、傷風；根治腳痛，外用，洗疥癩風濕。

方例
- 治五毒症、傷風：莖葉或根20-40公克水煎服。
- 治高血壓：莖葉20公克，水煎服。
- 治婦女內傷：根20-40公克，燉豬肉煎湯服。
- 治腳痛風濕：根20-40公克，燉雞食。
- 治疥癩：取根煎湯或搗汁洗。

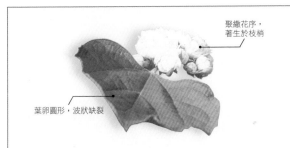

聚繖花序，著生於枝梢

葉卵圓形，波狀缺裂

藥用部位及效用

藥用部位
莖葉、根

效用
治五毒症、傷風；根治腳痛，外用，洗疥癩風濕。

採收期　保存　採集地　栽培環境與部位

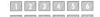

大青 *Clerodendrum cyrtophyllum* Turcz.

科 名	馬鞭草科（Verbenaceae）	藥 材 名	大青、觀音串
屬 名	海州常山屬	別 名	細葉臭牡丹、埔草樣、觀音串、鴨公青

▲ 大青分布於平野山區之多年生灌木。

形態

小灌木，葉對生，披針狀長橢圓形，先端銳尖，基部鈍形，全緣。夏末至冬季開花，聚繖花序，並作雙叉狀分歧，疏花，頂生，花冠綠白色，高盆形，5裂，雄蕊4枚。核果球形，碧黑色。

效用

解熱、止渴、祛風、清血之效。

方例

- 治口渴：大青40-75公克，水煎代茶飲用。
- 治頭痛、降火：大青20-40公克，水煎服。
- 治產婦感冒口渴：觀音串20-40公克、蕃仔刺根20公克，半酒水燉雞服。
- 治梅毒：大青、虱母子根、忍冬藤、咸豐草根、雙面刺、龍葵根、冇骨消根各12公克，水煎服。
- 治瘰癧：大青、夏枯草、水茸根、刺茄根、土牛膝各12-20公克，水煎服。

夏末至冬季開花，花冠綠白色

葉對生，披針狀長橢圓形

藥用部位及效用

藥用部位

根及幹

效用

解熱、止渴、祛風、清血之效。
治傷風、產婦傷風口渴、鎮靜、鎮痛、白帶、梅毒等。

採收期

保存

採集地

栽培環境與部位

白龍船花 *Clerodendrum paniculataum* L. var. *albifloraum* Hemsl.

科 名	馬鞭草科（Verbenaceae）	藥 材 名	白龍船、白龍船花根
屬 名	海州常山屬	別 名	白龍船

▲ 白龍船花分布於平野山區之小灌木。

形態

常綠灌木，莖方形。葉對生，心臟形，長15-20cm，常3-5淺裂，鋸齒緣，具長柄。圓錐花序，頂生，花冠白色，花筒長約1cm，雄蕊4枚，花絲甚長，具萼及苞片。核果球形黑色，具宿存萼。

效用

同龍船花，有調經理帶之效。治月經不調、赤白帶、腎虧、下消、淋病。葉敷腫毒。

方例

• 治月經不調、白帶、腳氣：根10-20公克水煎服。
• 調經：根與益母草、小金櫻、白肉豆根、龍眼根各20公克，燉豬腸服。
• 治糖尿病：根與牛乳埔根各40公克，燉瘦肉服。
• 治心臟病：白龍船花根20-40公克，仙鶴草、遠志、麥冬門各12公克，水煎服。

圓錐花序，頂生，花冠白色

莖方形

葉對生，心臟形

藥用部位及效用

藥用部位

莖、根、葉

效用

同龍船花，有調經理帶之效。治月經不調、赤白帶、腎虧、下消、淋病。葉敷腫毒。

採收期

保存

採集地

栽培環境與部位

龍船花 *Clerodendrum Kaempferi (Jacgq.) sieb. ex steud.*

科 名	馬鞭草科（Verbenaceae）	藥材名	龍船花
屬 名	海州常山屬	別 名	紅龍船花、癲婆花、圓錐大青、狀元紅

▲ 龍船花分布平野山區之常綠灌木。

花朵盛開於端午節過後，因花冠筒較長很像龍船而得名。在民間流傳說如摘此植物的花會使人發瘋，因此又有癲婆花、發瘋花之名，此為以訛傳訛。

形態

常綠灌木，高1-1.5m，莖方形。葉對生，心臟形或卵形，長15-20cm，常3-5淺裂，鋸齒緣，具長柄。圓錐花序，頂生，花冠橙紅色，有毛平滑，花筒長約1cm，雄蕊4枚，花絲甚長，萼4深裂，呈銳三角形，苞片3枚。核果球形黑色，具宿存萼。

效用

調經理帶之效。治月經不調、肺病、淋病、跌打損傷等。

採收期	保存	採集地	栽培環境與部位

1	2	3	4	5	6
7	8	9	10	11	12

A

▲ 圓錐花序，頂生，花冠橙紅色，有毛平滑。

方例

- 調經理帶、治腳氣：根 10-20公克，水煎服。
- 治風濕、腎虛：龍船根 20-40公克，水煎服。
- 治婦人赤白帶、腎虛：龍船根、白肉豆根、細葉山葡萄各20公克，燉豬腸服。或龍船根與龍眼根等合用。
- 治腎虛；龍船根、萬點金、荔枝根等各12-20公克，水煎服。

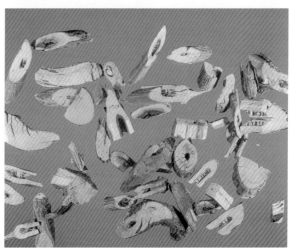

▲ 龍船花莖切片。

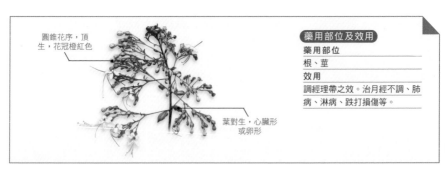

圓錐花序，頂生，花冠橙紅色

葉對生，心臟形或卵形

藥用部位及效用

藥用部位
根、莖

效用
調經理帶之效。治月經不調、肺病、淋病、跌打損傷等。

267

苦林盤 *Clerodendrum inerme* (L.) Gaertn.

科 名	馬鞭草科（Verbenaceae）	藥 材 名	苦藍盤、苦林盤
屬 名	海州常山屬	藥用部位	白花苦林盤、苦藍盤、苦樹

▲ 苦林盤分布於平野及海濱地區。

平野或海邊的蔓性灌木，白色花帶有細長的花筒，具有耐旱耐鹼的特性。以莖葉的煎汁奇苦而得名。《台灣民間藥用植物誌》另記載有苦樹、苦郎樹之稱。

形態
蔓莖狀灌木。葉十字形對生，或稀3葉輪生，橢圓形，全緣，長4-8cm，寬1.5-2.5cm，葉柄長0.7-1cm。頂生或腋生，短聚繖花序，3朵花著生成一叢，花筒白色，長約3cm，裂片5片；花絲紫紅色，挺出花冠甚長，萼鐘狀，苞線形。核果倒卵形，徑約1cm，黑熟，具宿存萼。

效用
清熱解毒、散瘀除濕、舒筋通絡。治風濕、神經痛、膚癢、跌打瘀血腫痛。葉外用治跌打傷，煎汁洗疥癬、止癢。

採收期			保存	採集地		栽培環境與部位					

採收期

保存

採集地

栽培環境與部位

▲ 花頂生或腋生。

方例

- 治衂血（流鼻血）：根20-40公克水煎服。
- 治神經痛、風濕病：苦藍盤根40-75公克，水煎服；或取根與牛乳埔各20-40公克，水煎服或加酒煎服。
- 治瘡癤、皮膚病：苦藍盤根、紅乳仔草、本首烏各20公克水煎服。

▲ 核果倒卵形綠色熟黑。

苦林盤藥材

藥用部位及效用

藥用部位

根、莖、葉

效用

清熱解毒、散瘀除濕、舒筋通絡。治風濕、神經痛、膚癢、跌打瘀血腫痛。葉外用治跌打傷，煎汁洗疥癬、止癢。

海州常山 *Clerodendrum trichotmum* Thunb.

科 名	馬鞭草科（Verbenaceae）	藥 材 名	海州常山、臭梧桐
屬 名	海州常山屬	別 名	臭梧桐、臭芙蓉、山豬枷、八角梧桐

▲ 海州常山分布於山野地區。

形態

落葉小喬木，幼枝及葉被褐色毛，具臭氣。葉對生，廣卵形，長8-12cm，寬5-7cm，先端銳尖，基部鈍圓，全緣。花生枝端，聚繖花序，花冠白色，線狀長橢圓形，萼5裂，宿存，雄蕊4枚，細長伸出花外，花柱絲狀。核果球形。

效用

根有健胃、鎮痛、利尿之效。葉鎮痛、解熱、利尿、降血壓。樹皮為驅蟲藥。

方例

● 治高血壓：莖葉20-40公克，水煎服。或與枸杞莖葉各20公克，魚腥草、夏枯草各12公克，水煎服。

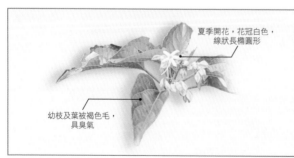

夏季開花，花冠白色，線狀長橢圓形

幼枝及葉被褐色毛，具臭氣

藥用部位及效用

藥用部位
根、葉、幹皮

效用
根有健胃、鎮痛、利尿之效。葉鎮痛、解熱、利尿、降血壓。樹皮為驅蟲藥。

採收期

保存

採集地

栽培環境與部位

金露花 *Duranta repens* L.

科 名	馬鞭草科（Verbenaceae）	藥 材 名	金露花、小本苦林盤
屬 名	金露花屬	別 名	本連翹、小本苦林盤、如意草、假連翹

▲ 平野山區之多年生常綠灌木。

形態
常綠灌木。葉對生或輪生，橢圓形或卵形，先端短尖基部楔形，先端鋸齒緣，總狀花序，腋生或頂生，小花序穗狀，常下垂，花冠5裂，藍紫色、淡藍色或白色；雄蕊4枚，萼管狀，5裂。核果球形，熟呈橘黃色，具宿存萼。

效用
莖葉治瘧疾、止痛、祛瘀消腫。治跌打傷、瘧疾。果治瘧疾。

方例
• 治瘧疾：莖葉20-40公克或果實20粒，水煎服。
• 治跌打胸痛：莖葉與骨碎補、駁骨丹，半酒水煎服。或鮮葉搗汁沖酒服，果實搗爛沖酒服。
• 治癰腫：鮮葉搗敷患處。

核果球形，熟呈橘黃色

葉對生或輪生，橢圓形或卵形

花藍紫色或白色，小花序穗狀，常下垂

藥用部位及效用
藥用部位
莖葉、果
效用
莖葉治瘧疾、止痛、祛瘀消腫。治跌打傷、瘧疾。果治瘧疾。

採收期

1	2	3	4	5	6
7	8	9	10	11	12

保存

採集地

栽培環境與部位

271

鴨舌癀 *Phyla nodiflora* (L.) Greene

科 名	馬鞭草科（Verbenaceae）	藥材名	石莧、鴨舌癀
屬 名	鴨舌癀屬	別 名	石莧、鴨嘴黃、鴨嘴蒝癀、過江藤

▲ 鴨舌癀於平野山區潮濕地及濱海地區群生。

形態

一年生草本。莖匍匐分枝。葉對生，倒卵形，長2-4cm，寬0.8-1.8cm，先端圓形或鈍形，上半部具粗鋸齒緣，基部狹楔形，穗狀花序，腋生，花梗甚長，多數小花密生而成，單生，花冠近2唇形，紫紅色；苞扇形，萼具2狹翼，果倒卵形。

效用

清熱解毒、散瘀消腫、婦科藥。治痢疾、咽喉腫痛、月經不調、經閉、白帶、淋病、跌打損傷、濕疹；外用治腫毒、濕疹。

採收期　　　　　　　保存　　採集地　　　　栽培環境與部位

▲ 鮮品鴨舌癀。

方例

- 治月經不調：鮮葉切碎，以麻油煎雞蛋服。
- 治酒後感風：鮮鴨舌癀40-75公克加酒煎服。
- 治婦科疾患：鴨舌癀40公克，半酒水燉赤肉或煎鴨蛋服；或加益母草、艾（治腹痛）。或益母草、尖尾風各40公克，水煎服。
- 治腫毒：鮮葉搗敷。

▲ 鴨舌癀藥材。

夏秋開花，花冠2唇形紫色

葉對生，倒卵形

藥用部位及效用
藥用部位
全草
效用
清熱解毒、散瘀消腫、婦科藥。治痢疾、咽喉腫痛、月經不調、經閉、白帶、淋病、跌打損傷、濕疹；外用治腫毒、濕疹。

273

長穗木 *Stachytarpheta jamaicensis* (L.) Vahl

科 名	馬鞭草科（Verbenaceae）	藥 材 名	長穗木、假馬鞭
屬 名	長穗木屬	別 名	木馬鞭、假馬鞭、耳鉤草、藍蝶猿尾木（臺）

▲ 長穗木為平野山區之草本。

形態

一年生或多年生草本。莖直立。葉對生，卵形，長4-8cm，寬2-4cm，先端尖，鋸齒緣。穗狀花序，頂生，長而花疏生，花冠藍色，管纖細，略彎曲，裂片5枚，雄蕊2枚，假雄蕊2枚；蒴果為萼所包。

效用

利濕化瘀、清熱解毒。治肝病、白濁、風濕、痢疾、通經活血，跌打瘀腫、癰癤、喉炎、耳疾。

方例

- 治感冒：鮮品與雞屎藤各20公克，土川七、土牛膝、紅根仔草、土煙草根各10公克，水煎服。
- 治喉炎：長穗木鮮品搗汁加糖含服。
- 治耳疾：取鮮嫩葉搗汁，滴入耳內。
- 治瘡癤腫痛：鮮品75公克，土牛膝、霧水葛各40公克，搗敷患部，有膿則加紅糖少許調敷。

春末至秋開花，穗狀花序，花冠藍色

葉對生，卵形，先端尖，鋸齒緣

藥用部位及效用

藥用部位
全草

效用
利濕化瘀、清熱解毒。治肝病、白濁、風濕、痢疾、通經活血，跌打瘀腫、癰癤、喉炎、耳疾。

採收期	保存	採集地	栽培環境與部位

馬鞭草 *Verbana officinalis* L.

科 名	馬鞭草科（Verbenaceae）	藥材名	馬鞭草、鐵馬鞭
屬 名	馬鞭草屬	別 名	鐵馬鞭、鐵釣竿、茶木草

▲ 平野山區之多年生草本植物。

形態

多年生草本，莖細長具4稜，分枝，全草疏生短粗毛。葉卵形對生，細裂成羽狀，穗狀花序，形如馬鞭，故名；頂生或腋生，小花淡紫色，花冠唇形，漏斗狀。蒴果熟則裂為4小堅果。

效用

解熱藥，治腸胃疾患、月經不調、腫瘤、胎毒、腹痛、感冒等。

方例

- 治膚癢：鮮葉與苦藍盤葉、杠板歸及龍葵葉共搗，取汁塗患處。
- 治腹痛：與蚶殼草合用。
- 治痢疾：與鳳尾草各20-40公克，水煎服。
- 治耳疾：鮮葉加鹽少許共搗，取汁滴耳內。

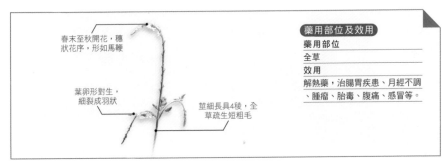

春末至秋開花，穗狀花序，形如馬鞭

葉卵形對生，細裂成羽狀

莖細長具4稜，全草疏生短粗毛

藥用部位及效用

藥用部位

全草

效用

解熱藥，治腸胃疾患、月經不調、腫瘤、胎毒、腹痛、感冒等。

採收期

保存

採集地

栽培環境與部位

275

黃荊 *Vitex negundo* L.

科 名	馬鞭草科（Verbenaceae）	藥材名	黃荊、埔姜
屬 名	牡荊屬	別 名	埔姜、七葉埔姜、黃肉埔姜

▲ 葉對生，掌狀複葉，小葉5枚，花淡紫色，花冠唇形。

形態

落葉灌木。葉對生，掌狀複葉，小葉5枚，於枝梢者3枚，披針形，長3-10cm，寬1-2cm，全緣或疏鋸齒緣。頂生圓錐花序，長12-20cm，花淡紫色，花冠唇形，上唇2裂，下唇3裂。雄蕊4枚，柱頭2裂。核果倒卵形黑熟。

效用

解熱、解毒，治瘡腫、腫毒、牙痛、風濕等。枝葉治腹痛、跌打傷、腸風、驚風。果實治傷風感冒。

方例

- 治蛇咬傷：莖或根20-40公克，水煎服。
- 治風濕神經痛、跌打、水腫、黃疸：根或莖20-40公克，水煎服。
- 治風濕神經痛：根20-40公克水煎服。與艾根合用，治久年頭暈痛。
- 治跌打傷：根20-40公克半酒水煎服。

藥用部位及效用

藥用部位
根、莖、枝葉

效用
解熱、解毒，治瘡腫、腫毒、牙痛、風濕等。枝葉治腹痛、跌打傷、腸風、驚風。果實治傷風感冒。

葉對生，掌狀複葉，小葉5枚

採收期

| 1 | 2 | 3 | 4 | 5 | 6 |
| 7 | 8 | 9 | 10 | 11 | 12 |

保存

採集地

栽培環境與部位

單葉蔓荊 *Vitex rotundifolia* L. f.

科 名	馬鞭草科（Verbenaceae）	藥 材 名	蔓荊子
屬 名	牡荊屬	別 名	海埔姜、蔓荊、白埔姜、萬京子

▲ 單葉蔓荊分布於海濱沙地。

形態
落葉性灌木，幼枝密生柔毛。單葉對生，葉片卵形，先端短尖，基部楔形，全緣。圓錐花序，頂生，花冠淡紫色，5裂，中間1裂片較大，萼鐘形，先端5短刺，外被白色密毛。雄蕊4枚，柱頭2裂。漿果球形。

效用
疏散風熱，清涼止痛之效。治風熱感冒、頭痛、偏頭痛、齒痛、赤眼、眼痛等。葉治跌打傷、消腫、止痛、風濕痛，止血等。

方例
• 治感冒、頭痛：蔓荊子8-12公克，水煎服。
• 治眼疾、腫痛：蔓荊子12公克，荊芥、白蒺藜、柴胡、防風各4公克，甘草2公克，水煎服。
• 治跌打傷：葉鮮品搗敷患處。

單葉對生，葉片卵形

藥用部位及效用

藥用部位
果實

效用
疏散風熱，清涼止痛之效。治風熱感冒、頭痛、偏頭痛、齒痛、赤眼、眼痛等。葉治跌打傷、消腫、止痛、風濕痛，止血等。

採收期　　　保存　　採集地　　栽培環境與部位

魚針草 *Anisomeles indica* (L.) O. Ktze.

科 名	唇形科（Labiatae）	藥 材 名	魚針草
屬 名	金劍草屬	別 名	假紫蘇、臭蘇、金劍草、臭天癀、本藿香

▲ 魚針草葉對生，輪繖花序。

形態

一年生或越年生草本。葉對生，闊卵形，基部近圓形，先端漸尖，不規則鋸齒緣，兩面被毛，具細小腺點。粉紅色或淡紫色花，輪繖花序，花冠唇形，花萼鐘狀，具苞葉。小堅果圓形黑色。

效用

解熱、祛風濕、健胃、解毒、止痛。治感冒發熱、腹痛嘔吐、風濕骨痛、濕疹、腫毒、瘡瘍、痔瘡、蛇傷。

方例

• 治高血壓：與海州常山根各20公克，水煎服。
• 治濕疹：鮮品適量，水煎調食鹽或醋洗患處。
• 治腫毒：與野牡丹、武靴藤各10-20公克水煎服，魚針草鮮品搗敷患處。
• 治癰腫：與鮮馬鞭草各12-20公克加酒煎服。

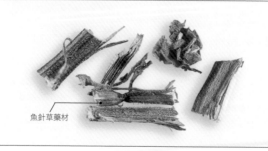

魚針草藥材

藥用部位及效用	
藥用部位	
莖葉	
效用	
解熱、祛風濕、健胃、解毒、止痛。治感冒發熱、腹痛嘔吐、風濕骨痛、濕疹、腫毒、瘡瘍、痔瘡、蛇傷。	

採收期 保存 採集地 栽培環境與部位

金錢薄荷 *Glechoma hederacea* L. var. *grandis* (A. Gray) Kudo

科 名	唇形科（Labiatae）	藥 材 名	金錢薄荷
屬 名	連錢草屬	別 名	大馬蹄草、白花仔草、虎咬癀、茶匙癀、相思草

▲ 金錢薄荷於平野山區陰濕地群生。

形態

多年生草本。葉腎心形，先端稍圓，基部心形，兩面具微毛，粗鈍齒牙緣。春至秋季開紫紅色花，葉腋著生2-3朵，花冠唇形紫紅色具紫斑。果實橢圓形。

效用

解熱利尿、行血、止痛、祛風、止咳。治腫毒、腹痛、腸胃痛、腰痛、經痛、慢性肺炎、泌尿疾患等。

方例

- 治經痛：與蚶殼草、白益母草、虱母根各20公克，水煎服。
- 治咳嗽：金錢薄荷20-40公克，水煎服。或與蚶蘭、黃花密菜、桑葉各20公克，水煎加冰糖服。
- 治肝病、感冒：全草20公克，黃連4公克，黃蘗8公克，黃芩、茯苓12公克水煎服。
- 治腹痛、腸痛：全草12-20公克，水煎服。

葉腎心形，先端稍圓，兩面具微毛

藥用部位及效用

藥用部位

全草

效用

解熱利尿、行血、止痛、祛風、止咳。治腫毒、腹痛、腸胃痛、腰痛、經痛、慢性肺炎、泌尿疾患等。

採收期　　　保存　　採集地　　栽培環境與部位

279

白布骨消 *Hyptis rhomboids* Mart. & Gal.

科名	唇形科（Labiatae）	藥材名	頭花香苦草
屬名	香苦草屬	別名	頭花香苦草、佈廣麻、丸仔草

▲ 全株被毛，頭狀花序。

形態

一年生木質狀草本，全株被毛，莖直立，方形。葉對生，披針形，長5-12cm，寬1-2.5cm，先端銳尖，疏鋸齒緣，翼柄。頭狀花序，球形，總花梗長，腋生。花白色，花冠2唇形，雄蕊4枚；具總苞、苞片被毛，與萼片等長。瘦果具宿存萼。

效用

解熱行血。治感冒、麻疹、氣喘、腹痛、乳癰、肺疾、淋疾等。

方例

- 治腹痛下痢：鮮葉或全草20-40公克，水煎服。
- 治淋病、肺癰、肺積水：全草40-75公克，加酒燉赤肉服。
- 治乳癰：白布骨消、馬鞭草、劉寄奴各10公克，生薑3片，水煎服。
- 瘡癤：鮮葉搗敷患處。

葉對生，披針形，疏鋸齒齒緣

花期春至夏季，花白色花冠2唇形

藥用部位及效用

藥用部位

全草

效用

解熱行血。治感冒、麻疹、氣喘、腹痛、乳癰、肺疾、淋疾等。

採收期

| 1 | 2 | 3 | 4 | 5 | 6 |
| 7 | 8 | 9 | 10 | 11 | 12 |

保存

採集地

栽培環境與部位

香苦草 *Hyptis suaveolens* Poit.

科 名	唇形科（Labiatae）	藥 材 名	山香、狗母蘇
屬 名	香苦草屬	別 名	山香、假走馬風、白紫蘇、假霍香、狗母蘇

▲ 分布於平野山區，全株具香氣。

形態
一年生草本，全株被毛，具香氣。葉對生，具長柄，葉片卵形，長4-9cm，寬2-6cm，細鋸齒緣，兩面被毛。藍色花，腋生，2-4朵成總狀花序，萼筒狀，先端5裂；瘦果，種子長扁形，熟黑色。

效用
具疏風散瘀、解毒、鎮痛之效。治感冒、風濕、濕疹、跌打創傷。

方例
- 治感冒、頭痛：山香根20-40公克，水煎服。
- 治皮膚炎、濕疹：山香全草煎水洗患部。
- 治蛇咬傷：鮮葉搗敷患部。
- 治刀傷出血、跌打腫痛：山香鮮葉搗敷患部。

秋季開藍色花，萼筒狀

葉對生，具長柄，葉片卵形

藥用部位及效用

藥用部位
全草

效用
疏風散瘀、解毒、鎮痛之效。治感冒、風濕、濕疹、跌打創傷。

採收期　　保存　　採集地　　栽培環境與部位

白花益母草 *Leonurus sibiricus* L. f. *albiflora* (Miq.) Hsieh

科 名	唇形科（Labiatae）	藥 材 名	益母草；茺蔚子（果實）
屬 名	益母草屬	別 名	茺蔚、白益母草、坤草、茺蔚子

▲ 益母草於平野常見群生。

益母草原名為茺蔚，始載於《神農本草經》，列為上品藥。李時珍謂本植物莖葉與子實皆充盛密蔚，故名；全草用於婦人產前產後諸症及明目益精，故有益母之稱。果實則稱為茺蔚子。

形態

一年生草本，高度50-90cm，全株被細毛，方莖直立。葉對生，其形不一，根際葉具長柄，掌狀3裂，中間之裂片再3裂，兩側之裂片多再2裂，上部葉為羽狀深裂，淺裂為3至多裂，殆無柄。花期夏秋，輪繖花序，腋生，唇形花冠白色，雄蕊4枚，花萼鐘狀、五齒。小堅果黑色，呈三稜形。

效用

全草治腫毒、瘡傷、利尿、婦女胎產諸病。果實治眼疾、高血壓。

採收期　　　　保存　　採集地　　　　栽培環境與部位

▲ 花萼宿存，內含小堅果。

▲ 茺蔚子藥材。

方例

- 治婦女經痛：益母草、香附及良薑各等分，加酒煎服。
- 治婦女白帶：益母草、白龍船花根等量，水煎服。
- 明目治眼疾：茺蔚子、枸杞子各10公克，水煎服。
- 利尿、治水腫、高血壓：茺蔚子、決明子各10-20公克，水煎服。

▲ 一年生草本，全株被細毛。

益母草藥材

藥用部位及效用

藥用部位

全草、果實

效用

全草治腫毒、瘡傷、利尿、婦女胎產諸病。果實治眼疾、高血壓等。

白花草 *Leucas mollissima* Wall. var. *chinensis* Bentham

科 名	唇形科（Labiatae）	藥 材 名	白花草、虎咬癀
屬 名	白花草屬	別 名	金錢薄荷、白花仔草、虎咬癀（台）

▲ 白花草全株被白毛，葉對生。

形態

多年生草本，莖多分枝，全株被白色毛。葉對生，廣卵形，長1.5-3cm，寬1-1.5cm，疏粗鋸齒緣，兩面密生毛，具短柄。花期夏秋間，輪繖花序，腋生，花冠白色，唇形，雄蕊4枚，雌蕊1枚。瘦果細小，卵狀三稜形。

效用

具清熱、解毒之效。治腸炎、子宮炎、盲腸炎等。外敷蛇傷、腫毒、疔瘡。百草茶原料之一。

方例

- 治痢疾：白花草、鳳尾草各20公克，水煎服。
- 治中暑下痢：與紅乳草、菁芳草各12公克，水煎服。
- 治小便色黃：與筆仔草、車前草各20公克，水煎服。
- 消炎、退癀：虎咬癀、柳枝癀、茶匙癀、大丁癀、鼠尾癀各10公克，水煎服（稱五癀湯）。

葉對生，廣卵形，兩面密生毛

藥用部位及效用
藥用部位
全草
效用
清熱、解毒之效。治腸炎、子宮炎、盲腸炎。外敷蛇傷、腫毒、疔瘡。百草茶原料之一。

採收期   　保存 　採集地 　栽培環境與部位

薄荷 *Mentha arvensis* L. var. *piperascens* Malinv.

科 名	唇形科（Labiatae）	藥 材 名	薄荷
屬 名	薄荷屬	別 名	野薄荷、新卜荷

▲ 是百草茶重要原料之一，亦是藥用常用配方之藥材。

形態

多年生草本，全草具芳香。葉對生，狹卵形，長2-5cm，寬1-2.5cm，兩面有腺點，具毛。花輪繖花序，腋生，花十數朵著生成球形，花冠白色或淡紅色，唇形，4裂，雄蕊4枚，具萼，齒緣有毛。堅果橢圓形。

效用

祛風止咳、解熱發汗、健胃之效，為祛風、芳香興奮藥。治感冒、頭痛、咽喉腫痛、目赤、皮膚癬疹。為製薄荷油、薄荷腦原料。

方例

- 治感冒、發汗、鼻炎：薄荷10-20公克水煎服。
- 治傷風感冒：薄荷、紫蘇、埔鹽根、大風草、紅刺蔥各10-20公克，水煎服。重感冒另加生薑3片。
- 清涼解熱：薄荷為涼茶、百草茶原料之一。

薄荷藥材

藥用部位及效用

藥用部位

莖葉

效用

具祛風止咳、解熱發汗、健胃之效，為祛風、芳香興奮藥。治感冒、頭痛、咽喉腫痛、目赤、皮膚癬疹。為製薄荷油、薄荷腦原料。

採收期　　保存　　採集地　　栽培環境與部位

仙草 *Mesona procumbens* Hemsley

科 名	唇形科（Labiatae）	藥 材 名	仙草、仙草舅
屬 名	仙草屬	別 名	仙草舅、仙人草、涼粉草、仙人凍

▲ 仙草分布於平野或栽培之經濟作物。

形態

一年生或越年生草本。葉對生，具短柄，葉片卵狀長橢圓形，長1-1.5cm，寬0.8cm，鋸齒緣，被毛。淡紫色花，輪繖花序，頂生或腋生，花冠筒狀唇形，上唇3裂，下唇篦形，雄蕊4枚，雌蕊1枚。瘦果細小，倒卵形。

效用

清熱、解渴、涼血、降血壓之效。治中暑、感冒、肌肉痛、關節痛、高血壓、糖尿病、腎臟病等。

方例

• 治高血壓：仙草、魚腥草各20-40公克，水煎服。
• 治中暑：全草20-40公克，水煎服。
• 治糖尿病：全草與咸豐草各40公克，水煎服。

仙草藥材

藥用部位及效用

藥用部位

全草

效用

具清熱、解渴、涼血、降血壓之效。治中暑、感冒、肌肉痛、關節痛、高血壓、糖尿病、腎臟病等。

採收期　保存　採集地　栽培環境與部位

貓鬚草 *Orthosiphon aristatus* (Blume) Miq.

科 名	唇形科（Labiatae）	藥 材 名	化石草
屬 名	貓鬚草屬	別 名	腎草、化石草、腰只草、小號化石草

形態

印尼引種栽培之多年生草本，莖高60-90cm，稍傾臥性，莖方形，有毛，具淺溝。葉交互對生，狹或廣披針形，不規則深鋸齒緣或鈍齒狀或全緣。花冠光滑，花絲甚長，為花冠之2倍，伸出花冠外面；萼鐘形，2裂。堅果，細小。

效用

為利尿藥。治腎臟炎、腎及膽結石、肝炎、高血壓等。

方例

- 治腎臟炎、各種結石：化石草20-40公克，水煎服，或與化石樹葉合用效果更佳。
- 治腎結石、輸尿管結石、膀胱結石：化石草、石葦各20-40公克，水煎服。
- 治高血壓：化石草20-75公克加黃耆，水煎代茶飲。

▲ 由於花絲細長伸出花冠外，形如貓鬚，而得名。民間多用於治療泌尿系統結石而有化石草之名。原產於印尼、南洋群島和澳洲，目前各地多零星栽植。

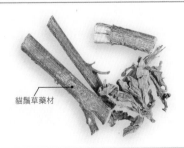

貓鬚草藥材

藥用部位及效用

藥用部位

全草

效用

為利尿藥。治腎臟炎、腎及膽結石、肝炎、高血壓等。

採收期 　　保存　　採集地　　栽培環境與部位

羅勒 *Ocimun basilicum* L.

科 名	唇形科（Labiatae）	藥 材 名	羅勒、九層塔
屬 名	零陵香屬	別 名	蘭香、香菜、九層塔、零陵香、蔡板草、千層塔

▲ 羅勒全草具芳香，密生短毛。

由於花序呈輪繖層層似塔狀，而得名九層塔。為民間菜餚及臺灣小吃中，常作為香料之植物。全草為婦科良藥，種子可治眼疾。

形態

多年生半灌木狀草本。全草具芳香，高30-90cm，密生短毛，多分枝，嫩莖方形。葉卵形，全緣或細鋸齒緣。花期初夏，輪繖花序頂生，每輪花約6朵，花冠白色或粉紅色，上唇4裂，裂片圓形，下唇橢圓形；苞片卵形，萼片具5齒；雄蕊4枚，子房5裂。堅果褐色細小。

效用

為婦科良藥，治胃痙攣、腎臟病、跌打損傷。種子為眼科藥、避孕藥。鮮葉供調味香料。

採收期　　　　保存　　　採集地　　栽培環境與部位

▲ 莖多分枝。

▲ 輪繖花序頂生。

▲ 唇形花粉紅色。

方例

- 治婦科病、行血：莖葉，水煎服。
- 助少年發育長筋骨：九層塔根、蚶殼草各40-75公克，燉排骨服。
- 治筋骨痠痛：根20公克，酒燉豬蹄服。
- 治跌打、遺精：九層塔根，水煎服。

羅勒（根）藥材

藥用部位及效用

藥用部位
莖、根、種子

效用
為婦科良藥，治胃痙攣、腎臟病、跌科損傷。種子為眼科藥、避孕藥。鮮葉供調味香料。

紫蘇 *Perilla frutescens* (L.) Britton

科名	唇形科（Labiatae）	藥材名	紫蘇梗（莖）、紫蘇葉（葉）、紫蘇子（果實）
屬名	紫蘇屬	別名	荏、紅紫蘇

▲ 紫蘇全株呈紫色或綠紫色。

形態

一年生草本。全株呈紫色或綠紫色。葉對生，圓卵形，先端銳尖，基部截形，鈍鋸齒緣，被毛，具柄。花期夏秋季，總狀花序，頂生或腋生，花冠管狀，唇裂，紅色或淡紅色，苞卵形，萼鐘狀；堅果，種子卵形。

效用

莖、葉治外感風寒、胸悶嘔吐、胎氣不安、腳氣、解魚蟹毒等。果實治咳嗽痰喘、胸悶氣逆等。

採收期　　　　　保存　　採集地　　栽培環境與部位

方例

- 治感冒、咳嗽：紫蘇莖葉10-20公克，水煎服。
- 治感冒、頭疼、發熱、咳嗽、四肢痛：紫蘇葉12公克配人參、陳皮、枳殼、桔梗、甘草、木香、半夏、乾薑、前胡等各8公克，水煎服。
- 治下痢：莖葉12-20公克，加紅糖水煎服。
- 治咳嗽、祛痰、胸鬱：紫蘇子配白芥子、萊服子煎服。
- 解魚蟹中毒：莖葉或種子，水煎服。

▲ 紫蘇總花序，頂生或腋生。

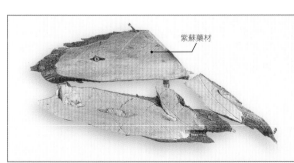

紫蘇藥材

藥用部位及效用

藥用部位

莖、葉、果實

效用

莖、葉治外感風寒、胸悶嘔吐、胎氣不安、腳氣、解魚蟹毒等。果實治咳嗽痰喘、胸悶氣逆等。

夏枯草 *Prunella unlgaris* L.

科 名	唇形科（Labiatae）	藥 材 名	夏枯草、夏枯草花
屬 名	夏枯草屬	別 名	大本夏枯草、夏枯草花、鐵色草

▲ 夏枯草於平野山區常見群生。

山野或海邊，常可見到開著穗狀紫色唇形花的植物群落而生；但是夏至過後這美麗景象稍縱即逝，此種植物就是夏枯草。夏枯草始載於《神農本草經》，列為下品藥，在夏至後即枯萎，因此得名。其莖葉味苦性辛寒，無毒。

形態
多年生草本，全株被短毛，匍匐或斜上生長。莖方形，葉對生，長卵形或披針形，先端銳尖，基部略圓鈍，全緣或稍鋸齒緣。花紫色，唇形花，夏季開花，花後隨即枯萎，故名。

效用
花序有清肝火、散鬱結之效，治癭瘤瘰癧、目赤腫痛、癰腫瘡毒等。全草為利尿劑，治淋病、子宮病及瘰癧、乳癰、乳癌等。

採收期	保存	採集地	栽培環境與部位

▲ 紫色唇形花，開花後隨即枯萎。

▲ 全株被短毛。

▲ 藥用以全草或果穗。

方例

- 治乳癰初起：全草與蒲公英鮮品各20-40公克，半酒水煎服。
- 治扁桃腺炎、咽喉疼痛、赤白帶：鮮全草40-75公克，水煎服。
- 治高血壓：鮮草20-40公克，搗汁或煎汁調冬蜜服。
- 治瘰癧、癰腫：鮮草75-110公克，半酒水煎服。
- 治目赤腫痛：夏枯草花20-40公克或鮮草20公克、香附子10公克，水煎服。

果穗清肝
火，散鬱結

藥用部位及效用

藥用部位

全草、果穗

效用

花序有清肝火、散鬱結之效，治
瘰瘤瘰癧、目赤腫痛、癰腫瘡毒
等。全草為利尿劑，治淋病、子
宮病及瘰癧、乳癰、乳癌等。

到手香 *Pogostemon cablin* (Blanco) Benth.

科 名	唇形科（Labiatae）	藥 材 名	廣藿香、到手香
屬 名	刺蕊草（節節紅）屬	別 名	廣藿香、本藿香、左手香

▲ 到手香枝葉具特殊香味。

形態
多年生草本，全株密被粗毛肉質，枝葉具特殊香味，葉對生，心形或闊卵形，粗鈍鋸齒緣，穗狀花序，頂生或腋生，小花唇形，淡紫色，萼5枚，雄蕊4，柱頭2裂；小堅果長卵形。

效用
清熱止嘔、行氣化濕、健脾和胃之效。治中暑嘔瀉、胸脇苦悶、寒熱頭痛、心腹疼痛、癰腫、疔瘡等。

方例
- 治感冒頭痛、胸脇苦悶、吐瀉：本藿香配紫蘇、厚朴、半夏、大腹皮、白朮、陳皮等，水煎服。
- 治脾虛胃弱：藿香20公克，黃耆、人參、白朮、茯苓各10公克，甘草3公克，水煎服。
- 治癰腫、疔瘡：取鮮葉適量搗敷患處。

藥用部位及效用

藥用部位

全草

效用

清熱止嘔、行氣化濕、健脾和胃之效。治中暑嘔瀉、胸脇苦悶、寒熱頭痛、心腹疼痛、癰腫、疔瘡等。

葉對生，心形或闊卵形，網狀脈

採收期　保存　採集地　栽培環境與部位

節毛鼠尾草 *Salvia plebeia* R. Brown

科 名	唇形科（Labiatae）	藥 材 名	荔枝草、土荊芥、七層塔草
屬 名	鼠尾草屬	別 名	賴斷頭草、荔枝草、土荊芥、七層塔草

▲ 分布於平野山區或栽培。

形態

二年生草本，被短毛。葉對生，長橢圓形，長2-6cm，寬1-3cm，鈍鋸齒緣。輪繖花序，頂生或腋生，每輪2-6朵，層集成穗形總狀花序。花冠紫色，唇形。雄蕊2枚。小堅果褐色。

效用

清熱、涼血、解毒、消腫之效。治肝炎、咳血、吐血、尿血、癰腫、痔瘡等。

方例

- 治肝炎：土荊芥20-40公克，水煎服。
- 治慢性氣管炎：鮮品全草500公克，搗汁，渣另加水煎，兩液合併加熱後服用。
- 治蛇、犬傷：全草20-40公克，加酒煎服。
- 治咽喉痛：鮮品全草搗汁，加醋，滴入喉中數次。
- 治咳血、吐血、尿血：取鮮品根部20-40公克，炒側柏葉12公克，水煎服。

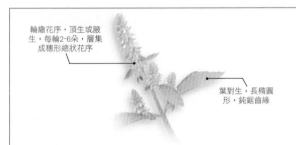

輪繖花序，頂生或腋生，每輪2-6朵，層集成穗形總狀花序

葉對生，長橢圓形，鈍鋸齒緣

藥用部位及效用
藥用部位
全草
效用
清熱、涼血、解毒、消腫之效。治肝炎、咳血、吐血、尿血、癰腫、痔瘡等。

採收期

1	2	3	4	5	6
7	8	9	10	11	12

保存

採集地

栽培環境與部位

半枝蓮 *Scutellaria barbata* D. Don

科 名	唇形科（Labiatae）	藥 材 名	半枝蓮、向天盞
屬 名	黃芩屬	別 名	向天盞、並頭草、昨葉荷草

▲ 半枝蓮於平野濕地或栽培之多年生草本。

因藍紫色的花排列於枝的一側而得名。由於也像牙刷狀，所以又名牙刷草；其花向上層層排列有如燈盞，故又名向天盞。民間常用於清熱解毒。

形態

多年生草本，葉卵狀披針形，鈍頭，基部截形，全緣或鈍齒牙緣。春至夏季開淺藍紫色花，穗狀輪繖花序，頂生，每輪花2朵，花冠管狀，2裂，上唇3裂。小堅果球形。

效用

清熱解毒，活血祛瘀、消腫止痛、抗癌之效，治驚風、肺炎、癌症、黃疸、喉痛、腹痛、腸炎、跌打傷等。外敷癰疔、蛇傷。

採收期　保存　採集地　栽培環境與部位

▲ 半枝蓮為清熱解毒、消腫止痛良藥。

方例

- 治肺炎：鮮品75-110公克搗汁加蜜服；或20-40公克水煎服。
- 治慢性腸炎：與小號蝴蠅翼、紅乳草、一枝香各20公克，煎紅糖服。
- 治跌打傷、多年傷：半枝蓮110公克，半酒水燉赤肉服。
- 治癰腫、癌症：與白花舌蛇草各20-40公克，水煎服。
- 解小兒胎毒：半枝蓮、一枝香、馬蹄金、紅根仔草、鐵釣竿、射干各8公克，水煎服。
- 治癰疔、蛇傷：取鮮品搗敷。

▲ 淺藍紫色唇形花。

半枝蓮藥材

藥用部位及效用
葉
全草
效用
清熱解毒，活血祛瘀、消腫止痛、抗癌之效，治驚風、肺炎、癌症、黃疸、喉痛、腹痛、腸炎、跌打傷等。外敷癰疔、蛇傷。

印度黃芩 *Scutellaria indica* L.

科 名	唇形科（Labiatae）	藥 材 名	印度黃芩、耳挖草
屬 名	黃芩屬	別 名	耳挖草、立浪草、煙管草

▲ 平野山區陰濕地自生。

形態

多年生草本，全株密被柔毛。葉對生，卵狀橢圓形，長2-4cm，寬1.5-3cm，鈍鋸齒緣，花頂生，疏穗狀花序，花冠唇形，淡紫或藍紫色，花萼筒形；雄蕊4枚；小堅果卵形。

效用

袪風、活血、解毒、止痛之效。治咳血、吐血、癰腫、疔毒、牙痛、喉痛、跌打傷。

方例

- 治咳血、吐血：全草鮮品40公克，炒側柏葉12公克，水煎加冰糖服。或絞汁調冰糖服。
- 治勞鬱積傷、胸脇悶痛：全草20-40公克水煎服。
- 治跌打傷、吐血：鮮品全草40-80公克，半酒水煎服，或搗汁調酒服。
- 治癰疽、腫毒：全草搗敷患處。
- 治牙痛、喉痛：全草20公克，水煎服。

春季至夏季開花，花冠唇形，淡紫或藍紫色

葉對生，卵狀橢圓形

藥用部位及效用

藥用部位
全草

效用
袪風、活血、解毒、止痛之效。治咳血、吐血、癰腫、疔毒、牙痛、喉痛、跌打傷。

採收期

保存

採集地

栽培環境與部位

紅絲線 *Lycianthes biflora* (Lour.) Bitter

科 名	茄科（Solanaceae）	藥 材 名	紅絲線
屬 名	茄屬	別 名	雙花龍葵、金吊鈕、紅子仔菜、血見愁

▲ 分布於平野山區陰濕地。

形態

一年生或越年生草本，高60-100cm，莖直立，分枝，全株密被柔毛，葉互生，葉廣卵形，長6-13cm，寬3-7cm，先端漸尖，基部近圓形，全緣，被柔毛，具柄。花單生或2-6個腋生，花冠白色，五裂，萼短鐘形，雄蕊10枚，子房2室。漿果球形，紅熟。

效用

清熱、解毒、止咳、補虛之效。治腫毒、紅腫、疔瘡等。

方例

• 治腫毒、疔瘡：紅絲線鮮葉，搗敷患處。
• 治感冒解熱止咳：紅絲線20-40公克，水煎服。
• 治高血壓：全草40-75公克水煎服或燉赤肉服。

漿果球形，紅熟

葉互生，葉廣卵形，全緣，被柔毛，具柄

藥用部位及效用

藥用部位
全草
效用
清熱、解毒、止咳、補虛之效。
治腫毒、紅腫、疔瘡等。

採收期　　　　　保存　　採集地　　　栽培環境與部位

枸杞 *Lycium chinense* Mill.

科 名	茄科（Solanaceae）	藥材名	枸杞、枸杞子（果實）、地骨皮（根皮）
屬 名	枸杞屬	別 名	枸杞子、枸棘子、枸繼子、甜菜子、地仙公

▲ 枸杞多為栽培或偶見平野自生，全草均供藥用。

形態

多年生草本，高45-110cm，莖具刺；葉狹長橢圓形，全緣，具短柄，春開淡紫色小花，花冠5裂。漿果狹卵橢圓形，紅熟。

效用

莖、葉為解熱、止渴藥，治高血壓、腫瘍、眼疾。果實有滋補強壯、明目之效。治糖尿病、肺結核、止咳、解渴、眼疾。根可解毒、消炎、治風濕。根皮為強壯、解熱劑。

▲ 花腋生淡紫色。

採收期
| 1 | 2 | 3 | 4 | 5 | 6 |
| 7 | 8 | 9 | 10 | 11 | 12 |

保存　A　B

採集地

栽培環境與部位

▲ 漿果紅熟為枸杞子藥材。

▲ 花冠五裂，淡紫色。

方例

- 解毒、消炎、治風濕、眼疾、腰痠、腎虧：根40-75公克水煎服。
- 治眼疾：根、枸杞子、千里光各12公克水煎服。
- 治高血壓：莖葉75-110公克，水煎當茶飲。
- 滋補、明目：枸杞子、黃耆各12公克，燉雞服。

枸杞（乾）藥材

藥用部位及效用

藥用部位

莖、葉、果實、根、根皮

效用

莖、葉為解熱、止渴藥，治高血壓、腫瘍、眼疾。果實有滋補強壯、明目之效。治糖尿病、肺結核、止咳、解渴、眼疾。根可解毒、消炎、治風濕。根皮為強壯、解熱劑。

301

苦蘵 *Physalis angulata* L.

科 名	茄科（Solanaceae）	藥材名	苦蘵、炮仔草（臺）
屬 名	燈籠草屬	別 名	燈籠草、炮仔草、博仔草、掛金鐘

▲ 苦蘵分布於平野潮濕地區之草本植物。

苦蘵果實有如盞盞燈籠掛於枝上，是易辨識的植物，因其性味苦寒而得名。在《本草綱目拾遺》中已有收錄，並有蘵草、小苦耽等異名。由於苦蘵花萼在花謝後會漸漸增大，膨大如燈籠，因此又有燈籠草、鬼燈籠、炮仔草、掛金燈等名。

形態

一年生草本。葉互生，葉片廣卵形，先端短尖，基部斜圓形，不規則淺裂。夏秋間開淡黃色花，單生葉腋，花冠盃狀，先端近五角形，萼短筒形，先端淺5裂，被柔毛。夏秋間結果，漿果球形。宿存萼在花謝後漸增大，膨大如燈籠，具5稜，綠色，被細毛。

效用

有清熱、利尿、鎮咳、行血、調經、解毒之效。治感冒、咽喉腫痛、肺熱咳嗽、水腫、疔瘡、月經痛、子宮炎、蛇傷等。

採收期　　　　　　保存　採集地　栽培環境與部位

1	2	3	4	5	6
7	8	9	10	11	12

▲ 果實於宿存萼內，漿果球形。

▲ 淡黃色花，單生葉腋。

▲ 宿存萼膨大如燈籠。

方例

- 治腸炎、腸痛、子宮炎、卵巢炎、咳嗽發熱：全草20-40公克，水煎服。
- 治子宮炎、卵巢炎：炮仔草、白花草、鐵馬鞭及益母草各12公克，鴨舌癀8公克，水煎服。
- 治喉痛：炮仔草20-40公克，水煎服。
- 治腸風、腹痛、氣脹：炮仔草20公克，桃葉4公克，半酒水煎服。

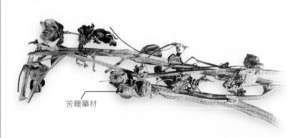

苦蘵藥材

藥用部位及效用
藥用部位
全草
效用
有清熱、利尿、鎮咳、行血、調經、解毒之效。治感冒、咽喉腫痛、肺熱咳嗽、水腫、疔瘡、月經痛、子宮炎、蛇傷等。

黃水茄 *Solanum incanum L.*

科 名	茄科（Solanaceae）	藥 材 名	黃水茄根
屬 名	茄屬	別 名	白絨毛茄

▲ 居家栽培或平野自生之茄科植物。

形態

多年生灌木狀草本，全株密布白色星狀毛，莖、葉脈、果梗、宿存萼具銳刺。葉互生，葉廣卵形，長5-8cm，寬3-5cm，先端鈍，基部近圓形，波狀緣或不整狀深裂，柄長2-3cm。花期夏季，花藍紫色，具完全花與雄性不孕花兩種；花冠鐘形，外被毛。漿果球形或長橢圓形，熟呈淡黃色。

▲ 果實藥材

效用

具祛風、止痛、消炎、解毒之效。治肝炎、肝硬化、鼻竇炎、淋巴腺炎、膚癢、瘡廇等。

採收期　　　　　　保存　　採集地　　　　栽培環境與部位

▲ 花腋生或頂生，花冠鐘形藍紫色。

方例

- 治肝炎、肝硬化：黃水茄、炙梔子及烏甜葉各10公克，水煎加冰糖服。
- 治肝炎：盧薈40公克去外皮，以黃水茄40-75公克煎汁代水，燉半小時後服。
- 治鼻竇炎：黃水茄根及苦瓜根，水煎服。
- 治膚癢、瘡癤：黃水茄40公克，燉赤肉服，或與山芙蓉各20-40公克，半酒水燉赤肉服。

▲ 漿果熟呈黃色。

根、莖藥材

藥用部位及效用

藥用部位
全草、根

效用
祛風、止痛、消炎、解毒之效。治肝炎、肝硬化、鼻竇炎、淋巴腺炎、膚癢、瘡癤等。

印度茄 *Solanum indicum* L.

科 名	茄科（Solanaceae）	藥 材 名	鈕仔茄
屬 名	茄屬	別 名	鈕仔茄、刺鈕茄、五宅茄、刺柑仔

▲ 分布於平野山區自生之多年生草本植物。

印度茄是一種長著金黃色或橘紅色的小漿果，全株疏生銳鉤刺的植物，因果實很像衣服上的鈕扣，有鈕仔茄之稱。鈕仔茄為本地的俗名，《滇南本草》中稱為刺天茄，另有刺鈕仔、五宅茄、刺柑茄、天茄子、小顛茄、刺茄、紫花茄、金鈕扣等名，藥材則多以鈕仔茄稱之。

形態

多年生灌木狀草本。莖高1.5-2m，全株具毛及刺。葉卵形，全緣或深裂為羽狀或波狀，長6.5-15cm，寬2.5-6cm，柄長約2.5cm，葉兩面密生褐色星狀絨毛，主脈有刺。葉與葉脈及柄具扁平刺。4-11月開藍紫色花，聚繖花序，花冠徑1.5-2cm，瓣三角形，小梗長0.5-1.5cm。漿果球形，徑約1.5cm，萼片具細刺；果紅或黃熟。

效用

有散風、解鬱、解熱、解毒、醒酒、止痢之效。治癰腫、感冒、尿道疾患等。

採收期　　　　　　　保存　　採集地　　　栽培環境與部位

▲ 藍紫色花聚繖花序。

方例

- 治感冒發熱：根20-40公克，半酒水煎服。
- 解毒、消腫：鈕仔茄、山芙蓉各20-40公克，水煎服。
- 治感冒、解鬱：鈕仔茄、鳳尾草、烏蕨（土川連）各20-40公克，水煎加冰糖服。

▲ 漿果熟呈紅或黃色。

印度茄藥材

藥用部位及效用
藥用部位
全草、根
效用
有散風、解鬱、解熱、解毒、醒酒、止痢之效。治癰腫、感冒、尿道疾患等。

龍葵 *Solanum nigrum* L.

科 名	茄科（Solanaceae）	藥 材 名	龍葵、烏甜菜
屬 名	茄屬	別 名	烏甜菜、烏子仔草、烏子茄、苦葵、天茄子

▲ 龍葵為平野山區常見之草本植物。

紫黑色的小果實，味道酸甜的，這就是俗稱烏甜仔菜的龍葵果實。龍葵最早收載於《唐本草》中，另有苦葵、天茄子之名；《本草綱目》中有水茄、天泡草、老鴉酸漿草、老鴉眼睛草等名。李時珍認為龍葵是指其性苦如葵而得名；又因味苦，有苦葵之名；葉形如茄，也有茄葵之稱。而天泡草、老鴉眼睛草等名，均由果實形態而得名。臺灣民間俗稱為烏甜仔菜、烏子仔菜或烏子茄。

形態
一年生草本。葉互生，葉片長橢圓形，長4-7cm，寬3-5cm，漸尖鈍頭，基部楔形，全緣或波狀疏鋸齒緣。聚繖花序，側生，花柄下垂，花序4-10朵，花白色，花瓣5片。萼被細毛，5裂，雄蕊5枚，花絲分離。雌蕊1枚，子房2室，柱頭圓形。漿果球形，熟呈黑色。

效用
有清熱、利尿、解毒、消腫之效。治疗瘡、癰腫、慢性氣管炎、腎炎、跌打傷、抗癌等。

採收期

保存

採集地

栽培環境與部位

▲ 漿果球形熟呈黑色。

方例

- 治慢性氣管炎：龍葵20-40公克、桔梗12公克、甘草4公克，水煎服。
- 治癌：龍葵鮮品40公克、半枝蓮鮮品40-75公克、紫草18公克，水煎服。
- 治脫肛：龍葵根40-60公克，燉赤肉服。
- 治疔瘡、癰腫：鮮葉，搗敷患處。

龍葵藥材

藥用部位及效用

藥用部位

全草

效用

有清熱、利尿、解毒、消腫之效。治疔瘡、癰腫、慢性氣管炎、腎炎、跌打傷、抗癌等。

白英 *Solanum lyratum* Thunb.

科 名	茄科（Solanaceae）	藥材名	白英、柳仔癀
屬 名	茄屬	別 名	白毛藤、鈕仔黃、柳仔癀、蜀羊泉、白草

▲ 蔓性藤本，全株均被白色絨毛，花冠白色而得名。

形態

多年生蔓性亞藤本。上部莖葉均被毛。葉互生，葉片卵狀長方形。常呈戟狀3裂或多裂，長4-9cm，寬2-5cm，基部心臟形，先端尖，全緣。花白色，聚繖花序，頂生或腋生，密生毛，花冠裂片5枚；雄蕊5枚，雌蕊1枚，花柱細長。漿果球形，紅熟後轉黑色。

效用

清熱、利濕、祛風、解毒之效。治黃疸、水腫、癰腫、疔瘡、風濕關節炎、淋病及癌症等。

方例

• 治初期黃疸：與茵陳、山梔子、三白草、車前草各10-20公克，加酒煎服。
• 治初期肝硬化：白英鮮品40-75公克，水煎服。
• 治子宮癌、胃癌：白英、半枝蓮各20公克，水煎服。

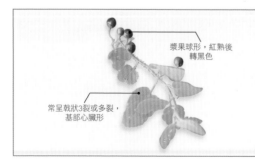

漿果球形，紅熟後轉黑色

常呈戟狀3裂或多裂，基部心臟形

藥用部位及效用

藥用部位

全草或莖、葉

效用

清熱、利濕、祛風、解毒之效。治黃疸、水腫、癰腫、疔瘡、風濕關節炎、淋病及癌症等。

採收期　　保存　　採集地　　栽培環境與部位

| 1 | 2 | 3 | 4 | 5 | 6 |
| 7 | 8 | 9 | 10 | 11 | 12 |

山煙草 *Solanum verbascifolium* L.

科 名	茄科（Solanaceae）	藥 材 名	山煙草
屬 名	茄屬	別 名	土埕、山番仔煙

▲ 山野自生，全株密被灰白色絨毛。

形態

灌木或小喬木。葉互生，葉片廣卵形或橢圓形，先端漸尖，基部鈍圓，葉面綠色，葉背蒼白色，脈上生星狀毛，具柄。聚繖花序，2歧，頂生。花冠白色，淺鐘狀；萼灰綠色，5裂宿存；雄蕊5枚，雌蕊1枚。漿果肉質，球形，熟呈淡黃色。

效用

根、莖有祛風濕、解熱、止痢之效。治傷風感冒、風濕病。葉有消腫、止痛之效。治癰腫、痛風、痔瘡、牙痛、瘰癧、濕疹、皮膚炎、跌打損傷。

方例

- 治感冒：山煙草根20-40公克，水煎服。
- 治腰痠痛：根與桑枝各20公克，水煎服。
- 治坐骨神經痛：山煙草根、一條根各20公克，水煎服或沖酒服。
- 治皮膚炎、腫毒：鮮葉搗敷或煎濃汁洗患部。

花期春、秋間，花冠白色，淺鐘狀

葉互生，葉片廣卵形或橢圓形，葉面綠色，葉背蒼白色

藥用部位及效用

藥用部位
根、莖及葉

效用
根、莖有祛風濕、解熱、止痢之效。治傷風感冒、風濕病。葉有消腫、止痛之效。治癰腫、痛風、痔瘡、牙痛、瘰癧、濕疹、皮膚炎、跌打損傷。

採收期　　　保存　　採集地　　栽培環境與部位

| 1 | 2 | 3 | 4 | 5 | 6 |
| 7 | 8 | 9 | 10 | 11 | 12 |

A

六角定經草 *Mazus pumilus* (Burm. f.) Steenis

科 名	玄參科（Scrophulariaceae）	藥 材 名	定經草、通泉草
屬 名	通泉草屬	別 名	定經草、通泉草

▲ 平野山區陰濕地群生。

形態

一年或越年生草本。葉對生，集中根際處，倒卵形，先端鈍圓，基部狹窄，粗鋸齒緣；莖上葉小形。總狀花序，頂生，淡藍紫色，上唇小下唇大，萼5裂，蒴果球形。

效用

治婦女月經不順、經閉、經痛；蟲傷、腫瘡、高血壓、貧血、瘀血等。

方例

- 治月經不調、經痛：與益母草、龍船花各20公克、紅水柳、白肉豆根、當歸各10公克，半酒水燉雞服。
- 治貧血、經痛、調經：與當歸、川芎、芍藥、熟地黃各12公克，加酒燉瘦肉服。
- 治婦女赤白帶：定經草、茶匙癀、益母草、茯苓、紅花各15公克，陳皮、半夏、甘草各5公克，水煎服。

葉對生，莖上葉比根基葉小

春夏開花，總狀花序，淡藍紫色

藥用部位及效用

藥用部位

全草

效用

治婦女月經不順、經閉、經痛；蟲傷、腫瘡、高血壓、貧血、瘀血等。

採收期

| 1 | 2 | 3 | 4 | 5 | 6 |
| 7 | 8 | 9 | 10 | 11 | 12 |

保存

 A

採集地

栽培環境與部位

   20/25

釘地蜈蚣 *Torenia concolor* Lindl. var. *formosana* Yamazaki

科 名	玄參科（Scrophulariaceae）	藥 材 名	釘地蜈蚣
屬 名	倒地蜈蚣屬	別 名	倒地蜈蚣、過路蜈蚣、蜈蚣草

▲ 平野山區陰濕地群生。

形態

一年生草本匍匐性，莖多分枝，具4稜。葉卵形或卵狀心形，銳頭，粗鋸齒緣，具柄。開藍紫色花，腋生，總狀花序，或單生，萼筒狀，唇形；花冠呈不整齊之唇形，下唇瓣較大。花絲前方具齒狀突起。蒴果。

效用

消炎、解熱之效。治中暑、痢疾、瘡癤、傷風、筋骨痛等。

方例

- 消腫退癀、解熱：釘地蜈蚣、大丁癀、白花草、魚腥草各20-40公克，水煎服。
- 治中暑：與烏桕葉、紅骨蛇各40公克，水煎服。
- 瘡癤、指邊疔、帶狀疱疹：與臭杏、功勞木搗敷患處。
- 消炎、解熱：釘地蜈蚣、小金櫻、哈哼花（抱壁蟑螂）各12-20公克，水煎服。
- 治腋下疔（淋巴腺腫）：倒地蜈蚣、一葉草搗敷患處。

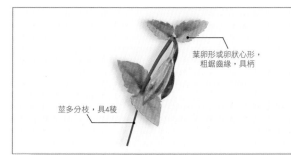

葉卵形或卵狀心形，粗鋸齒緣，具柄

莖多分枝，具4稜

藥用部位及效用
藥用部位
全草
效用
消炎、解熱之效。治中暑、痢疾、瘡癤、傷風、筋骨痛等。

採收期

保存 　採集地 　栽培環境與部位

穿心蓮 *Andrographis paniculata* (Burm. f.) Nees

科 名	爵床科（Acanthaceae）	藥 材 名	穿心蓮
屬 名	穿心蓮屬	別 名	苦膽草、欖核蓮、一見喜、圓錐鬚藥草

▲ 穿心蓮莖四稜形，節膨大，葉卵狀披針形。多栽培用藥。

形態

一年生草本，高30-70cm，莖四稜形，下部多分枝，節膨大。葉卵狀披針形，長4-6cm，寬1-2cm，全緣。夏秋開花，總狀花序頂生和腋生，呈圓錐花序。花冠白色而下唇帶紫色斑紋，長約1.2cm，2唇形，上唇2裂，下唇3深裂；雄蕊2枚，花藥2室。蒴果扁長形。

效用

味極苦，性寒。有清熱解毒、消腫止痛之效。治胃腸炎、痢疾、感冒發熱、扁桃腺炎、肺炎、瘡癤腫毒、癌症、蛇咬傷。

採收期

1	2	3	4	5	6
7	8	9	10	11	12

保存　採集地　栽培環境與部位

▲ 全草味苦性寒，為清熱解毒、消腫藥。

方例

- 治支氣管肺炎：穿心蓮、十大功勞葉各8公克、陳皮4公克，水煎服。
- 瘡癰腫毒：穿心蓮10-20公克，水煎加紅糖服。或鮮品搗敷患處。

▲ 花二唇形，蒴果為長形。

穿心蓮藥材

藥用部位及效用

藥用部位

全草

效用

味極苦，性寒。有清熱解毒、消腫止痛之效。治胃腸炎、痢疾、感冒發熱、扁桃腺炎、肺炎瘡癰腫毒、癌症、蛇咬傷。

華九頭獅子草 *Dicliptera chinensis* Juss.

科名	爵床科（Acanthaceae）	藥材名	狗肝菜、六角英（臺）
屬名	華九頭獅子草屬	別名	狗肝菜、六角英

▲ 多年生草本，全株被短毛。四季開花，花腋生或著生於枝梢，為唇形小花。

形態

多年生草本。葉對生，橢圓形，長4-6cm，寬2-3cm，兩端銳尖，全緣或波狀緣，具柄。具唇形小花2-3朵，外具兩片大小苞葉。蒴果棒形。

效用

有解熱、消炎、退癀功效，主治肺炎、喉痛、吐瀉、癰腫、跌打傷等。

方例

- 治肺炎、喉痛：六角英20-40公克，水煎服。
- 治跌打傷：與五爪龍、冷飯藤根各20公克，加酒燉赤肉服。或與金錢豹、桃金孃、百日青葉桓梧、黃金桂各20公克，加酒燉赤肉服。
- 敷癰疔：與雞舌癀、鴨舌癀、龍舌癀、芙蓉心共搗敷。或與白鳳菜、過貓心、蒲公英，共搗敷。
- 治指邊疔：與冷飯藤葉、五爪龍心加醋共搗敷。

藥用部位及效用

藥用部位

枝葉

效用

有解熱、消炎、退癀功效，主治肺炎、喉痛、吐瀉、癰腫、跌打傷等。

採收期：1 2 3 4 5 6 7 8 9 10 11 12

保存　採集地　栽培環境與部位

駁骨丹 *Justicia gendarussa* Burm. F.

科 名	爵床科（Acanthaceae）	藥 材 名	駁骨丹、尖尾風
屬 名	爵床屬	別 名	尖尾鳳、駁骨草、駁骨消、接骨草、接骨筒

▲ 理跌打傷、接合骨折之要藥，而有駁骨丹之名；偶見於山野，民間栽培供藥用。

形態

草本狀灌木。莖節部膨大。葉對生，長披針形，兩端尖，全緣。穗狀花序頂生或腋生，花冠唇形，類白色或帶粉紅色，具紫斑點。雄蕊2枚。蒴果棒狀。

效用

祛瘀、消腫止痛之效。治跌打傷、風濕骨痛、續斷骨。並治風邪、黃疸，解酒毒。

方例

- 治跌打傷、風濕關節炎：全草20-40公克水煎服。
- 治月經不調：與益母草、鴨舌癀各20-40公克，加酒燉赤肉服。
- 治月經痛：駁骨丹20-40公克，水煎服。
- 治神經痛：駁骨丹、楓寄生、埔銀、土煙根、鈕仔茄、一條根各12公克，水煎服。
- 治骨折、無名腫毒：與骨碎補鮮品搗爛或乾品研末，用酒、醋調敷患部。

莖節部膨大

葉對生，長披針形

藥用部位及效用

藥用部位
地上部莖葉

效用
具祛瘀、消腫止痛之效。治跌打傷、風濕骨痛、續斷骨。並治風邪、黃疸，解酒毒。

採收期

保存

採集地

栽培環境與部位

317

爵床 *Justicia procumbens* L.

科 名	爵床科（Acanthaceae）	藥 材 名	爵床、鼠尾癀
屬 名	爵床屬	別 名	鼠尾癀、小本鼠尾癀、鼠尾紅

▲ 爵床開淡紅紫色小花，平野山區群生。

開淡紫紅色小花，成穗狀花序，形狀有如老鼠尾巴，花穗先端常帶有紅棕色，因此台灣民間多稱之為鼠尾紅或鼠尾癀。

形態
一年生草本。莖方形多分枝，高15-30cm。葉對生，卵狀橢圓形，全緣，具短柄。穗狀花序，頂生，花淡紅紫色，長約0.5cm，花筒頂端邊緣開出，2唇裂，雄蕊2枚，具苞及萼片。蒴果長橢圓形，種子灰褐色。節膨大。

效用
消炎退癀之效。治感冒發熱、咳嗽、喉痛、腰背疼痛、神經痛、痢疾、黃疸、腎炎、癰疽、疔瘡、跌打傷等。

採收期

保存

採集地

栽培環境與部位

▲ 花淡紅紫色，唇形。

方例

- 治感冒發熱、咳嗽、喉痛：爵床20-40公克，水煎服。
- 治腰背痛：爵床40公克加水煎服。
- 治口舌生瘡：爵床40公克加水煎服。
- 治肝硬化腹水：爵床20公克，加豬肝同煎服。
- 治瘰癧：爵床12公克、夏枯草20公克，水煎服。
- 治跌打傷、疔瘡：鮮全草搗敷。

▲ 穗狀花序，形如老鼠尾。

爵床藥材

藥用部位及效用

藥用部位

全草

效用

消炎退癀之效。治感冒發熱、咳嗽、喉痛、腰背疼痛、神經痛、痢疾、黃疸、腎炎、癰疽、疔瘡及跌打傷等。

白鶴草 *Rhinacanthus nasutus* (L.) Kurz

科 名	爵床科（Acanthaceae）	藥 材 名	白鶴草
屬 名	白鶴草屬	別 名	白鶴靈芝、仙鶴草、香港仙鶴草

▲ 春開白色花，形如鶴，故名白鶴草。

形態

多年生灌木。全株被毛，莖節部膨大。葉對生，葉片橢圓形，長3-7cm，寬2-3cm，先端尖形或鈍形，基部楔形。花腋出或頂生，單1或2-3朵簇生成小聚繖花序；花冠長筒狀，2唇形，上唇披針形，下唇短3裂。發育雄蕊2枚，花藥2室；花萼5深裂。蒴果長橢圓形。

效用

清熱解毒、降火之效。治肺熱喘咳、肺結核、腫毒、解熱、利尿；外用治疥癬、濕疹等。

方例

- 治初期肺結核：莖葉10-20公克，加冰糖煎水服。
- 治癬、濕疹：白鶴草鮮品適量搗敷或煎汁洗患部。

白鶴草藥材

藥用部位及效用

藥用部位

全草

效用

清熱解毒、降火之效。治肺熱喘咳、肺結核、腫毒、解熱、利尿等；外用治疥癬、濕疹。

採收期

| 1 | 2 | 3 | 4 | 5 | 6 |
| 7 | 8 | 9 | 10 | 11 | 12 |

保存　　採集地　　栽培環境與部位

哈哼花 *Staurogyne concinnula* (Hance) O. Kuntze

科 名	爵床科（Acanthaceae）	藥 材 名	抱壁蟑螂草、抱壁家蛇（臺）
屬 名	哈哼花屬	別 名	叉柱花、抱壁蟑螂草、抱壁家蛇草、蟲翅

▲ 哼哈花分布於山野岩壁陰濕處。

形態

多年生草本，莖甚短。葉叢生於莖上，長橢圓形，長1.5-7cm，寬0.5-1.5cm，全緣或波狀緣，先端鈍形，基部銳形，表面深綠色，背面灰白色，主脈密生柔毛。2-4月或四季開花，總狀花序，花冠漏斗形，白色或淡紅色，小形。蒴果，扁長橢圓形。

效用

行血、降血壓、消腫、退癀之效。主治高血壓。

方例

- 治高血壓：全草20-40公克，水煎加冰糖服。或與黃藤根、枸杞、苦瓜根各20公克，水煎服。
- 治肝病：與茵陳、側柏葉各20公克，水煎服。
- 治神經病：與含羞草根各20公克，水煎服。
- 消腫、退癀：鮮品搗敷患處。

總狀花序，花冠漏斗形

葉叢生於莖上，長橢圓形，葉背面灰白色

藥用部位及效用

藥用部位
全草

效用
行血、降血壓、消腫、退癀之效。主治高血壓。

採收期

保存

採集地

栽培環境與部位

321

車前草 *Plantago asiatica L.*

科 名	車前科（Plantaginaceae）	藥 材 名	車前草、五斤草（臺），車前子（種子）
屬 名	車前屬	別 名	錢貫草、五根草、五斤草、五筋草

▲ 車前草為平野常見多年生草本植物。

形態

多年生草本，葉叢生於根莖上。葉卵形或橢圓形，全緣，柄長具溝紋。穗狀花序，腋生，小花白色，雄蕊4枚，具萼。堅果紡錘形，具宿存萼。

效用

解熱、利尿、止瀉及強壯之效。治腸胃病、心臟炎及眼疾等。種子為利尿、鎮咳、祛痰、止瀉、明目。治淋病、咳嗽、眼疾。

方例

- 解熱、治淋病：車前草、筆仔草或乳仔草各20-40公克，加紅糖或冰糖煎水服。
- 解熱利尿、暑熱：車前草、魚腥草、茅草根各20-40公克，水煎加冰糖服。
- 治痢疾：車前草、魚腥草等量水煎服。
- 百草茶主要原料之一，與鳳尾草、蚶殼草、咸豐草、黃花蜜菜、薄荷等合用。

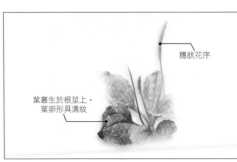

穗狀花序

葉叢生於根莖上，葉卵形具溝紋

藥用部位及效用
藥用部位
全草、種子
效用
解熱、利尿、止瀉及強壯之效。治腸胃病、心臟炎及眼疾等。種子為利尿、鎮咳、祛痰、止瀉、明目。治淋病、咳嗽、眼疾。

採收期

1	2	3	4	5	6
7	8	9	10	11	12

保存　

採集地　

栽培環境與部位

玉葉金花 *Mussaenda parviflora* Matsum.

科 名	茜草科（Rubiaceae）	藥 材 名	山甘草、銀葉草
屬 名	玉葉金花屬	別 名	山甘草、紅心穿山龍

▲ 分布於平野山區之蔓性植物。

形態

常綠蔓性灌木，莖蔓性伸展。葉對生，卵狀橢圓形，先端銳尖，基部鈍形，全緣或略波緣。春夏開黃色花，繖狀花序，花冠漏斗狀，長約2cm，萼管狀4片形成線形，另一片呈大橢圓形之葉狀，白色。蒴果球形。

效用

治感冒、支氣管炎、咽喉痛、水腫、腎炎、腸炎、中暑；葉敷創傷、腫瘍。

方例

- 治支氣管炎、咽喉痛：根與半枝蓮、刀傷草、半邊蓮各15公克，耳鉤草10公克，水煎服。
- 治腎炎、水腫：根加三白草、豨薟、桑白皮、鱧腸、馬鞭草各20-40公克，水煎服。
- 治腎炎、腸炎：根、莖與雙面刺、龍眼根各20公克，水煎服。
- 治感冒、支氣管炎：根或莖20公克，水煎服。

花冠漏斗狀

葉對生，卵形

藥用部位及效用
藥用部位
莖或根
效用
治感冒、支氣管炎、咽喉痛、水腫、腎炎、腸炎、中暑；葉敷創傷、腫瘍。

採收期

1	2	3	4	5	6
7	8	9	10	11	12

保存　　採集地　　　　栽培環境與部位

山黃梔 *Gardenia jasminoides Ellis*

科 名	茜草科（Rubiaceae）	藥 材 名	梔子、山梔子
屬 名	梔屬	別 名	山梔、黃枝、黃梔子

▲ 栽培經濟作物，供藥用及食用色素、染料。

梔子原名卮子，始載於《神農本草經》，列為中品藥。《本草綱目》李時珍解釋卮是酒器，卮子之形狀像此，故而得名，今俗寫為梔。

形態
多年生常綠灌木或小喬木。葉對生，長橢圓形，長3-7cm，寬2-3cm，先端銳尖，基部楔形，全緣，花頂生，花冠白色6-7裂，略長橢圓形，具芳香氣味，萼片6裂，裂片線狀，披針形。雄蕊6-7枚，花絲短，子房1室。果實橢圓形，長2-2.5cm，徑約1cm。果皮具翅狀縱稜，6-7條；頂端具宿存萼。

效用
果實具消炎、解熱、利膽之效。治黃疸、胃炎及食道炎、血尿、淋痛。外用消炎、消腫、治跌打傷。根治肺疾。

採收期	保存	採集地	栽培環境與部位

▲ 平野山區或栽培之多年生常綠灌木。

方例

- 退三焦火、治牙痛：梔子及元參各20公克，水煎服或龍眼等合用。
- 治吐血、衄血：與扁柏水煎服。
- 治淋病：梔子、萹蓄、海金沙孢子、功勞木各12公克，水煎服。

▲ 果實橢圓形，熟橙紅色。

山梔子藥材

藥用部位及效用

藥用部位

果實、根

效用

果實具消炎、解熱、利膽之效。治黃疸、胃炎及食道炎血尿、淋痛等。外用消炎、消腫、治跌打傷。根治肺疾。

雞屎藤 *Paederia scandens (Lour.) Merrill*

科 名	茜草科（Rubiaceae）	藥 材 名	雞屎藤、五德藤
屬 名	雞屎藤屬	別 名	雞矢藤、雞香藤、白雞屎藤、牛皮凍、五德藤

▲ 平野山區或庭園籬笆上，常有綠色藤蔓植物攀附，全株具特異臭氣是其特徵。

形態

多年生蔓性草本。全株具特異臭氣。莖與葉有毛；葉狹卵形，梢端者廣披針形，銳尖基部心形。夏季開花，聚繖花序，花冠白色，內面紫紅色，筒狀，4-5裂。核果黃熟，球形光滑。

效用

根有祛痰、鎮咳、祛風、止瀉之效。治感冒咳嗽、風濕、痢疾、腎疾等。莖葉有解毒、祛風、止咳之效。

方例

- 治咳嗽：雞屎藤根或鮮葉40-75公克，燉豬小腸服，或雞屎藤、魚腥草、澤蘭、麥門冬各20-40公克，水煎服，或燉赤肉服。
- 治久年咳嗽：與紅莿蔥各20公克加酒燉豬腸服。
- 治痢疾：雞屎藤根、鳳尾草各20-40公克水煎服。
- 治月內風：雞屎藤根40公克，加酒燉雞服。

雞屎藤藥材

藥用部位及效用

藥用部位
根部、莖葉

效用
根有祛痰、鎮咳、祛風、止瀉之效。治感冒咳嗽、風濕、痢疾、腎疾等。莖葉有解毒、祛風、止咳之效。

採收期　　　保存　　　採集地　　　栽培環境與部位

1	2	3	4	5	6
7	8	9	10	11	12

A

20
25

茜草 _Rubia akane Nakai_

科 名	茜草科（Rubiaceae）	藥 材 名	茜草、金線草、紅根仔草
屬 名	茜草屬	別 名	紅根仔草、紅藤仔草、金線草、鋸子草

▲ 平野山區藤本植物，莖細長方形具縱稜及細小逆刺；根部呈紅棕色而得名。

形態

多年生藤本，全株均被細逆銳刺；葉為4-5片輪生，其中二片為托葉，葉片心形或三角狀卵形，基部心臟形，先端尖銳，全緣，頂生或腋出，呈圓錐狀聚繖花序，花冠白色，花瓣5裂，卵形銳尖。雄蕊5枚，雌蕊2枚。果實圓形，黑熟。

效用

根為通經、行血、利尿之效。治吐血、月經不調、瘀血痛、跌打損傷、黃疸、水腫等。

方例

- 退火祛濕治眼疾：紅根草、苡仁各20公克、蒼朮10公克，水煎服。
- 退胃熱：紅根草全草20公克，水煎冰糖服。
- 治關節炎：紅根草、蒼耳子各12-20公克水煎服，或紅根草燉鰻魚服。

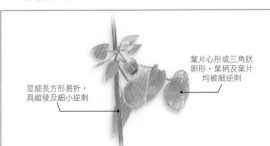

葉片心形或三角狀卵形，葉柄及葉片均被細逆刺

莖細長方形易折，具縱稜及細小逆刺

藥用部位及效用

藥用部位
根、莖葉

效用
根為通經、行血、利尿之效。治吐血、月經不調、瘀血痛、跌打損傷、黃疸、水腫等。

採收期

| 1 | 2 | 3 | 4 | 5 | 6 |
| 7 | 8 | 9 | 10 | 11 | 12 |

保存

A

採集地

栽培環境與部位

臺灣鉤藤 *Uncaria hirsuta* Haviland

科 名	茜草科（Rubiaceae）	藥 材 名	鉤藤
屬 名	鉤藤屬	別 名	鉤藤、單鉤藤、倒吊風藤

▲ 常綠半蔓性灌木。

形態

常綠半蔓性灌木。葉對生，長橢圓形，先端突銳尖，全緣；托葉每節4片，葉腋具有鉤刺狀之卷鬚1枚。花期春夏季，頭狀花序球形，腋出，花冠綠白色。蒴果紡錘形。

效用

清熱、平肝、鎮痙、降血壓、鎮靜之效。治高血壓、頭暈目眩、跌打傷、小兒驚癇以及小孩慢性腸炎。

方例

- 治眩暈、痙攣、鎮驚：鉤藤10-20公克，水煎服。
- 治高血壓、頭痛：鉤藤20公克，水煎服。
- 清熱疏肝：與桑白皮、小金櫻、海桐皮各12公克，水煎服。
- 治感冒、頭痛發熱、鼻衄：鉤藤、桑白皮各12公克，梔子仁、炙甘草各3公克，大黃、黃芩各6公克，水煎服。
- 治跌打傷：鉤藤、駁骨丹各12公克，加酒煎服。

葉對生，長橢圓形，葉腋具有鉤刺狀之卷鬚1枚

藥用部位及效用

藥用部位

帶鉤之枝

效用

清熱、平肝、鎮痙、降血壓、鎮靜之效。治高血壓、頭暈目眩、跌打傷、小兒驚癇以及小孩慢性腸炎。

採收期　　　　　　保存　　採集地　　栽培環境與部位

| 1 | 2 | 3 | 4 | 5 | 6 |
| 7 | 8 | 9 | 10 | 11 | 12 |

冇骨消 *Ambucus formosana* Nakai

科 名	忍冬科（Caprifoliaceae）	藥 材 名	冇骨消
屬 名	蒴藋屬	別 名	蒴藋、七葉蓮

▲ 平野山區常綠小灌木。

採形態

多年生草本小灌木。葉對生具長柄，奇數羽狀複葉，小葉3對，小葉廣披針形，先端漸尖，長10-15cm，寬約4cm，鋸齒緣。聚繖花序成繖狀，全體闊大，著生枝梢，平頭狀，花白色，多數，花冠幅狀鐘形，5裂，雄蕊5枚，花柱3裂。核果呈漿果狀，球形，紅熟。

效用

葉治淋病，外敷腫毒；根、莖及葉清涼解毒。治癰疽、腫毒。

方例

- 消腫毒、解熱、利尿：莖10-20公克，水煎服。
- 腫毒、疔瘡、瘡瘍、消炎：鮮葉或根搗敷患處。或取根水煎服。
- 治風濕痛：根20-40公克燉豬腳或排骨服。

葉對生，具長柄，奇數羽狀複葉

藥用部位及效用

藥用部位

根、莖、葉

效用

葉治淋病，外敷腫毒；根、莖及葉清涼解毒。治癰疽、腫毒。

採收期

1	2	3	4	5	6
7	8	9	10	11	12

保存　採集地　　栽培環境與部位

忍冬 *Lonicera japonica* Thunb.

科 名	忍冬科（Caprifoliaceae）	藥 材 名	忍冬、忍冬藤、忍冬花、金銀花
屬 名	忍冬屬	別 名	金銀花、忍冬藤、四時春

▲ 平野山區常綠攀緣性植物。

花朵初開時花蕊及花瓣呈白色，經兩、三天後變黃，由於新舊花相參、黃白相映而有金銀花之名。又因凌冬不凋，而得名忍冬，花亦稱為忍冬花或銀花、二花、雙花、二寶花。其性味甘溫無毒，金銀花及忍冬藤為消腫解毒、治療惡瘡的良藥。

形態
常綠攀緣性灌木。全株幼嫩部密被絨毛並有腺毛；葉對生，橢圓形，先端銳形，基部心形，具短柄。春至秋季開花，花初色白，後變黃色，腋出，雙立；花冠長漏斗狀，內外兩側均有毛。秋季結果，漿果球形黑熟。

效用
花有清熱解毒、消炎之效；治溫熱、癰腫、瘡毒、膿瘍、惡瘡、淋病、赤痢等。嫩莖葉清熱解毒、利尿、解熱、殺菌。治風濕腫毒、筋骨痠痛。根效同莖、花，清涼解毒，治花柳病、梅毒、便毒、淋巴結核、跌打傷等。

採收期	保存	採集地	栽培環境與部位

1	2	3	4	5	6
7	8	9	10	11	12

A　B

▲ 金銀花藥材。

▲ 花黃白相映而有金銀花之名。

▲ 忍冬藤藥材。

方例

- 治癰疽、瘡癤：金銀花15公克，水煎服。
- 治皮膚病、止癢、疥癬：花或莖葉40-75公克，煎汁洗患處。
- 清涼解毒、治皮膚病：根20-40公克，水煎服。

忍冬藤藥材

藥用部位及效用

藥用部位

花蕾、嫩莖葉、根及粗莖

效用

花有清熱解毒、消炎之效；治溫熱、癰腫、瘡毒、膿瘍、惡瘡、淋病、赤痢等。嫩莖葉清熱解毒、利尿、解熱、殺菌。治風濕腫毒、筋骨痠痛。根效同莖、花，清涼解毒，治花柳病、梅毒、便毒、淋巴結核、跌打傷等。

苦瓜 *Momordica charantia* L.

科 名	瓜科（Cucurbitaceae）	藥 材 名	苦瓜根(根)、苦瓜藤(莖)、苦瓜花(花)、苦瓜(果)
屬 名	苦瓜屬	別 名	涼瓜、錦荔枝、癩葡萄、癩瓜

▲ 苦瓜以夏季產量最豐。果實稍帶苦味，故稱苦瓜；又有涼瓜、錦荔枝、癩葡萄、癩瓜等別名。原產於亞熱帶，現各地均有栽培。

形態

一年生攀緣性藤本。葉互生，葉片掌狀近圓形，5-7深裂，波狀齒緣，被疏毛。雌雄同株，雄花冠黃色，5裂，雌花形色近似雄花。果長橢圓形兩端尖，具縱走不整齊的瘤狀突起，呈綠白色。

效用

根、莖、果、花有清熱解毒之效。治牙痛、胃痛、胎毒、便血、痢疾、疔瘡、腫毒等。

方例

- 治痢疾、腹痛：根20-40公克，加冰糖，水煎服。
- 治痢疾：莖20-40公克水煎服，或鮮苦瓜花12枚搗汁和蜜服；鮮品搗汁合開水服。
- 治胃痛：苦瓜炒為末合開水服。
- 治煩熱口渴：鮮品去瓤，水煎服。
- 治疔瘡、腫毒：根研末調蜜敷；瓜搗汁抹患處。
- 治高血壓：苦瓜根20-40公克，水煎服。

葉互生，葉片掌狀近圓形

果長橢圓形兩端尖，具縱走不整齊的瘤狀突起

藥用部位及效用

藥用部位

根、莖、花、果

效用

根莖、果、花有清熱解毒之效。治牙痛、胃痛、胎毒、便血、痢疾、疔瘡、腫毒等。果實治熱病煩渴、糖尿病、高血壓、中暑、赤眼疼痛、痢疾、癰腫丹毒、惡瘡，種子有益氣壯陽之效。

採收期　保存　採集地　栽培環境與部位

絞股藍 *Gynostemma pentaphyllum* (Thunb.) Makino

科 名	瓜科（Cucurbitaceae）	藥 材 名	絞股藍、七葉膽
屬 名	絞股藍屬	別 名	七葉膽、金絲五爪龍、五爪粉藤、龍鬚藤

▲ 平野山區或栽培之攀緣性藤本。

形態

多年生攀緣性藤本。莖柔弱具稜。葉互生，掌狀複葉，小葉通常5枚，中央小葉較大具短柄，兩側小葉漸小，葉片披針形或卵狀長橢圓形，淺波狀疏鋸齒緣。花單性，雌雄異株，總狀圓錐花序。雄花萼短小5裂。花冠黃綠色5裂，線狀披針形，雄蕊5枚，雌花序較短。漿果球形黑熟。

效用

消炎解毒、止咳祛痰、強壯之效。治偏頭痛、神經痛、風濕性關節炎、慢性支氣管炎、胃潰瘍、十二指腸潰瘍、便秘、下痢、糖尿病、高血壓、過敏性皮膚炎、改善體質、失眠症、食慾不振等。

方例

- 改善體質：乾品適量或加黃耆煎作茶飲。
- 治高血壓、糖尿病：鮮品或乾品20-40公克，水煎服。

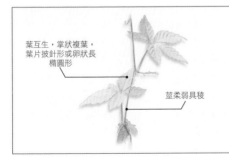

葉互生，掌狀複葉，葉片披針形或卵狀長橢圓形

莖柔弱具稜

藥用部位及效用

藥用部位

全草

效用

消炎解毒、止咳祛痰、強壯之效。治偏頭痛及神經痛、風濕性關節炎、慢性支氣管炎、胃潰瘍、十二指腸潰瘍、便秘、下痢、糖尿病、高血壓、過敏性皮膚炎、改善體質、失眠症、食慾不振等。

採收期

1	2	3	4	5	6
7	8	9	10	11	12

保存

採集地

栽培環境與部位

333

半邊蓮 *Lobelia chinensis* Lour.

科 名	桔梗科（Campanulaceae）	藥 材 名	半邊蓮
屬 名	山梗菜屬	別 名	拈力仔草、鐮力草、水仙花草

▲ 半邊蓮於平野濕地群生。

形態

一年生草本，莖細長匍匐。葉互生，披針形，鈍頭具少數不顯明鈍齒，殆無柄。夏至秋開白花帶紫紅色，花冠筒狀，一側開裂，先端5裂，裂片偏於一邊，故名。萼筒狀。蒴果倒圓錐狀棒形。

效用

解毒、解熱、消炎、退癀之效，治蛇傷、跌打傷、疔瘡、菌痢、麻疹等症。

方例

- 治蛇傷：鮮品40公克搗汁加酒服，並搗敷患部。
- 治跌打傷：半邊蓮鮮品搗汁加酒及加鹽少許服。
- 治疔瘡腫痛：半邊蓮、咸豐草、忍冬藤、小金英、龍吐珠各20公克，水煎服。
- 治痢疾：與紅乳草、鳳尾草、蚶殼草各20公克，水煎服。
- 利尿、降血壓：與魚腥草各20公克，水煎服。

葉互生，披針形，鈍頭具少數不顯明鈍齒

白花帶紫紅色，花冠筒狀

藥用部位及效用

藥用部位
全草

效用
解毒、解熱、消炎、退癀之效，治蛇傷、跌打傷、疔瘡、菌痢、麻疹等症。

採收期

保存

採集地

栽培環境與部位

普剌特草 *Lobelia nummularia* Lam. A. Br. et Asch.

科 名	桔梗科（Campanulaceae）	藥 材 名	珍珠癀
屬 名	山梗菜屬	別 名	銅錘玉帶草、老鼠拉秤錘、珍珠癀

▲ 山麓或陰濕地、岩石壁上群生，有似珍珠又像秤錘的果實，而得名珍珠癀、老鼠拉秤錘，普剌特草是譯名。

形態

多年生匍匐性草本，全草有毛，節處生細根。葉近圓形，基部心形，鋸齒緣。春至夏開淡紫紅色小花，腋出，單生，萼5深裂，花冠斜唇形，上唇2深裂，下唇3淺裂；雄蕊5枚，花柱1枚。漿果橢圓形，熟呈紅紫色，具宿存萼。

效用

消炎、解熱之效。治腫毒、創傷、風濕疼痛、跌打傷、乳癰、腫毒。

方例

- 消炎解熱：珍珠癀、虎咬癀各20公克，水煎服。
- 治腫毒、創傷：以葉水煎服，或與茵陳蒿、毛節白茅之葉各20公克，水煎服。
- 治風濕疼痛、月經不調：全草12-20公克，水煎服或配威靈仙、牛膝、龍船花各10公克，水煎服。
- 治跌打傷、骨折：鮮全草搗敷患處。

葉近圓形，基部心形，鋸齒緣

果球形或橢圓形，熟呈紅紫色

藥用部位及效用

藥用部位

全草

效用

消炎、解熱之效。治腫毒、創傷及風濕疼痛、跌打傷、乳癰、腫毒。果實治遺精、白帶、疝氣、癩腫等。

採收期　　　　保存　採集地　栽培環境與部位

桔梗 *Platycodon grandiflorum* A. DC.

科 名	桔梗科（Campanulaceae）	藥 材 名	桔梗
屬 名	桔梗屬	別 名	苦桔梗、梗草、白藥、白桔梗

▲ 桔梗是常用的中草藥，多為栽培，以根結實而梗直而得名。

形態

多年生草本，全株光滑無毛，直立，枝分歧，根部肥厚，形如人參，葉橢圓乃至披針形，無柄，莖上部之葉互生，下部葉對生，鋸齒緣。花頂生或單生腋出，鐘狀，先端5裂，呈星形合瓣花，藍色或白色。花萼5枚，披針形，花柱5裂，子房下位，花期3-10月。

效用

鎮咳祛痰藥。治感冒、咳嗽、咽喉痛、氣管炎、支氣管炎。

方例

- 治咳嗽、肺癰：桔梗20公克，甘草8公克水煎服。
- 治咽喉痛、支氣管炎：桔梗20公克，甘草8公克，水煎服。
- 治感冒、胸部苦滿：桔梗配伍小柴胡湯（柴胡、半夏、生薑、黃芩、大棗、人參、甘草），水煎服。

葉橢圓乃至披針形，無柄

花鐘狀，呈星形合瓣花，藍或白色

藥用部位及效用

藥用部位
根部（或除去栓皮乾燥後使用）
效用
鎮咳祛痰藥。治感冒、咳嗽、咽喉痛、氣管炎、支氣管炎。

採收期
保存
採集地
栽培環境與部位

草海桐 *Scaevola tauada* (Gaertner) Roxb.

科 名	草海桐科（Goodeniaceae）	藥 材 名	草海桐
屬 名	草海桐屬	別 名	水草、水草仔

▲ 草海桐分布於沿海沙地、岩岸、山坡地。

形態

常綠灌木，枝葉肉質。葉互生，密生枝端，葉片倒卵形或匙形，長10-18cm，寬4-8cm，全緣。花冠淡黃白色略帶紫色，管狀，內外具毛，冠筒頂端向一側展開，5裂，雄蕊5枚。核果，種子堅硬。

效用

根、莖有清熱祛濕利尿之效。治風濕痛。莖髓治腹瀉。葉可助消化，外用治扭傷。葉或樹皮治腳氣病。

方例

• 治痢疾：與小飛揚各12-20公克，水煎服。
• 治高血壓：葉與昭和草、大風草各20-40公克，水煎加蜜服。

葉互生，葉片倒卵形或匙形，全緣

花冠淡黃白色略帶紫色，管狀，內外具毛

藥用部位及效用

藥用部位
根、莖或葉

效用
根、莖有清熱祛濕利尿之效。治風濕痛。莖髓治腹瀉。葉可助消化，外用治扭傷。葉或樹皮治腳氣病。

採收期

保存

採集地

栽培環境與部位

金鈕扣 *Acmella paniculata* (Wall. ex DC.) R. K. Jansen

科 名	菊科（Compositae）	藥 材 名	六神草、六神花
屬 名	金鈕扣屬	別 名	六神草、金再鉤、鐵拳頭

▲ 金鈕扣於平野、田園野生或栽培。

形態

一年生草本。葉對生，卵狀披針形，先端漸尖，基部心形，細鋸齒緣，花，頭狀花序，腋生或頂生，黃色，總苞綠色，花梗長。瘦果聚集成團狀。

效用

花治腹痛、牙痛。莖葉治腹瀉。外用搗敷疔瘡、腫毒。

方例

- 治牙痛、牙齦腫痛：六神花、忍冬花、海金沙、千金藤、溪蕉根各10公克，水煎服。
- 治腹痛、下痢：六神草、夏枯草、風輪草、炮仔草、山藥、柳仔癀各10公克，加紅糖適量，水煎服。
- 治疔腫、腫毒：鮮品與紫背草等量，共搗外敷。

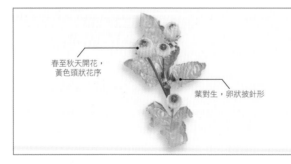

春至秋天開花，黃色頭狀花序

葉對生，卵狀披針形

藥用部位及效用

藥用部位
莖葉、花

效用
花治腹痛、牙痛。莖葉治腹瀉。外用搗敷疔瘡、腫毒。

採收期

| 1 | 2 | 3 | 4 | 5 | 6 |
| 7 | 8 | 9 | 10 | 11 | 12 |

保存　

採集地　

栽培環境與部位

紫花藿香薊 *Ageratum houstonianum* Mill.

科 名	菊科（Compositae）	藥 材 名	紫花藿香薊
屬 名	藿香薊屬	別 名	勝紅薊、毛麝香、鹹蝦花、南風草

▲ 全株帶有濃郁之特殊香氣，而有藿香薊、毛麝香之名。

形態

一年生草本，全株被粗毛，具特殊氣味。莖直立，葉對生或互生，葉片鈍三角形或心臟形，先端尖形，基部鈍形，銳鋸齒緣。頭狀花序，頂生，紫藍色，密集呈繖形花序。總苞矩圓形，突尖。蒴果黑色，具鱗片狀冠毛。

效用

清熱、解毒、消腫之效。治感冒發熱、咽喉腫痛、筋骨扭傷、毒蛇咬傷、癰疽腫毒等。

方例

- 治感冒、咽喉痛：藿香薊鮮品20-40公克，水煎服。
- 治鵝口瘡：全草10-20公克，水煎服。
- 治癰疽腫毒、風濕痛：藿香薊20公克，三葉五加、功勞葉、地骨皮各10公克，水煎服，或鮮品全草與功勞葉搗敷患處。

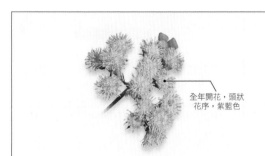

全年開花，頭狀花序，紫藍色

藥用部位及效用

藥用部位

全草

效用

清熱、解毒、消腫之效。治感冒發熱、咽喉腫痛、筋骨扭傷、毒蛇咬傷、癰疽腫毒等。

採收期

保存

採集地

栽培環境與部位

茵陳蒿 *Artemisia capillaries* Thunb.

科 名	菊科（Compositae）	藥材名	茵陳蒿
屬 名	茵陳蒿屬	別 名	茵陳、青蒿草、蚊仔煙草

▲ 茵陳蒿分布於平野、海邊、河岸地區群生。

形態

多年生宿根性草本。高30-90cm。二回羽狀或羽狀全裂之複葉，具柄，裂片絲狀。花期秋季，頭狀花序，圓錐狀。瘦果黃褐色。

效用

全草為消炎、解熱、利尿藥、治黃疸、肝炎。莖及葉治風濕、肝膽病、黃疸。根為散風寒、除濕熱、祛傷。治感冒、風濕、瘧疾、跌打傷等。

方例

- 治肝膽病、黃疸：與柴胡、梔子各12公克，水煎服。
- 治感冒、瘧疾：根與牛膝、一枝香各20公克水煎服。
- 治感冒、跌打傷：根與過山香各20公克，水煎服。
- 治黃疸：與劉寄奴、菝葜、觀音串、茜草根、梔子、鼠尾癀各10公克，烏梅4公克，水煎服。

頭狀花序，圓錐狀

二回羽狀或羽狀全裂之複葉

藥用部位及效用

藥用部位

全草，根

效用

全草為消炎、解熱、利尿藥、治黃疸、肝炎。莖及葉治風濕、肝膽病、黃疸。根為散風寒、除濕熱、祛傷。治感冒、風濕、瘧疾、跌打傷等。

採收期

| 1 | 2 | 3 | 4 | 5 | 6 |
| 7 | 8 | 9 | 10 | 11 | 12 |

保存　

採集地

栽培環境與部位

艾 *Artemisia indica* Willd.

科 名	菊科（Compositae）	藥 材 名	艾葉、艾根
屬 名	艾屬	別 名	艾蒿、醫草、祈艾

▲ 艾分布於平野山區。

形態

多年生草本。葉互生，橢圓形，邊緣缺刻為羽狀分裂，莖上部葉全緣，背面密生白茸毛，葉柄基部具翼狀之假托葉。夏季開頭狀花，呈複總狀花序，由多數管狀花而成，淡渴色。總苞片多毛，內部全為鱗片。瘦果平滑，具冠毛。

效用

葉有止血、解熱、滋養強壯之效。治吐血、衄血、直腸出血、子宮出血、月經不調、經閉、胸痛、神經痛、關節痛等。根治頭痛、腹水等。

方例

- 治吐血、衄血：嫩艾葉與側柏各10-20公克，水煎服。或鮮葉及蓮藕各40-75公克，搗汁服。
- 治跌打傷：取艾葉，酒炒，或與接骨筒共搗，酒炒後，推跌打，並敷患處。
- 治頭痛、頭風：艾根與傷寒草、黃花蜜菜各20-40公克，燉瘦肉服。
- 治腹水：艾根與蚶殼草、檉柳、苦藏，水煎服。

葉對生，邊緣缺刻，羽狀分裂

藥用部位及效用

藥用部位

葉、嫩枝葉、根

效用

葉有止血、解熱、滋養強壯之效。治吐血、衄血、直腸出血、子宮出血、月經不調、經閉、胸痛、神經痛、關節痛。根治頭痛、腹水等。

採收期

保存

採集地

栽培環境與部位

341

咸豐草 *Bidens pilosa* L. var. *minor* (Blume) Sherff

科 名	菊科（Compositae）	藥 材 名	咸豐草
屬 名	鬼針屬	別 名	同治草、南風草、蝦公鋏、符因頭、鬼針草

▲ 咸豐草葉對生，裂片卵形銳頭，粗鋸齒緣，具長柄。

咸豐草收錄於《本草綱目拾遺》中，為民間常用的藥草，另有同治草、鬼針草、白花婆婆針、婆婆針、三葉鬼針草、白花鬼針、蝦公鋏、赤查某（台語）等異名。

形態
一年生草本，莖方形；葉對生，3-5羽狀分裂，裂片卵形銳頭，粗鋸齒緣，具長柄。頭狀花，頂生或腋生，外圍舌狀花5-8枚，白色，倒廣卵形，先端3淺裂；中央管狀花黃色4裂，柱頭花約50枚，梗長具總苞。果實多數，黑褐色，狹線形4稜，頂部具針狀逆刺。

效用
消炎、解熱、利尿之效。治盲腸炎、肝病、糖尿病等。鮮葉搗敷癰疽、創傷、消腫退癀，拔膿生肌。

▲ 三葉鬼針草

採收期 　保存 　採集地 　栽培環境與部位

▲ 瘦果狹線形，頂部具針狀逆刺。

方例

- 治胃腸炎：咸豐草20-40公克，水煎服。
- 治黃疸、肝炎：咸豐草、茵陳蒿、山梔子、長柄菊、黃水茄各10公克，水煎服。
- 治糖尿病：咸豐草、牛膝各20公克，倒地鈴12公克，水煎服，當茶飲。

▲ 咸豐草全草均入藥用。

咸豐草藥材

藥用部位及效用

藥用說明

全草、嫩莖葉

效用

消炎、解熱、利尿之效。治盲腸炎、肝病、糖尿病等。鮮葉搗敷癰疽、創傷、消腫退癀，拔膿生肌。

大花咸豐草 *Bidens pilosa* L. var. *radiata* Sch. Bip

科 名	菊科（Compositae）	藥 材 名	大花咸豐草
屬 名	鬼針屬	別 名	大本咸豐草、咸豐草

▲ 平野山區遍地群生。

形態

一年生草本，葉對生。3-5羽狀分裂，裂片卵形銳尖，粗鋸齒緣，具長柄。頭狀花，頂生或腋生，外層舌狀花5-8枚，白色，倒廣卵形，先端3淺裂。唯其花瓣長約1公分與咸豐草區別。瘦果，頂部具針狀逆刺。

效用

效用同咸豐草。全草，清熱解毒、活血祛風。治感冒、咽喉腫痛、胃腸炎、糖尿病、黃疸、肝炎等。

採收期　　　　保存　　　　採集地　　　栽培環境與部位

▲ 平野山區遍地群生。

方例

同咸豐草。

- 治胃腸炎：全草
  20-40公克，水
  煎服。
- 治糖尿病：全草
  與牛膝20公克，
  倒地鈴各12公
  克，水煎服，當
  茶飲。

▲ 大花咸豐草舌狀花大於一公分。

大花咸豐草藥材

藥用部位及效用

藥用部位

全草

效用

全草，清熱解毒、活血祛風。治
感冒、咽喉腫痛、胃腸炎、糖尿
病、黃疸、肝炎等。

馬蘭 *Aster indicus* L.

科 名	菊科（Compositae）	藥 材 名	馬蘭、開脾草
屬 名	雞兒腸屬	別 名	雞兒腸、開脾草、紫菊、馬蘭菊、路邊菊

▲ 馬蘭於平野群生或栽培。

形態

多年生草本。莖生葉互生，葉片倒披針狀橢圓形，全緣或疏粗齒緣，頭狀花序，總苞2-3輪，頭狀花周圍為舌狀花1列，雌性，淡藍色，中央為管狀花多數；兩性，黃色。瘦果具毛。

效用

具清熱涼血、去瘀、利濕、消積、解毒之效。治吐血、衄血、便血、感冒發熱、咽喉痛、支氣管炎、肝炎、黃疸、癰腫、小兒疳積、蛇傷等。

方例

- 治肝炎：與茵陳、梔子、柴胡、地耳草、卷柏各12公克，水煎服。
- 治胃潰瘍、結膜炎：鮮根20-40公克，水煎服。
- 治慢性氣管炎：馬蘭20-40公克，水煎調糖。
- 治帶狀疱疹、丹毒：馬蘭、臭杏、金銀花、功勞葉、爵床，搗汁調醋塗患部。

舌狀花淡藍色，
管狀花黃色

葉片倒披針狀橢圓形，莖上部葉漸小

藥用部位及效用

藥用部位

全草

效用

具清熱涼血、去瘀、利濕、消積、解毒之效。治吐血、衄血、便血、感冒發熱、咽喉痛、支氣管炎、肝炎、黃疸、癰腫、小兒疳積、蛇傷等。

採收期

| 1 | 2 | 3 | 4 | 5 | 6 |
| 7 | 8 | 9 | 10 | 11 | 12 |

保存

採集地

栽培環境與部位

艾納香 *Blumea balsamifera* (L.) DC.

科 名	菊科（Compositae）	藥 材 名	艾納香、大風草（臺）
屬 名	艾納香屬	別 名	大風艾、冰片艾、牛耳艾、大風草（臺）

▲ 艾納香於平野山區多年生木質狀草本。

形態

多年生木質狀草本。全株密被黃色絨毛，葉片具芳香氣味。葉互生，長橢圓披針形，先端漸尖，不規則疏鋸齒緣，兩面密被絨毛。頭狀花序頂生，繖形花序，管狀花黃色，異形，緣花雌性，盤花為兩性，先端5裂，聚葯雄蕊5枚，雌蕊1枚。總苞片數輪，覆瓦狀排列。瘦果具淡白色冠毛。

效用

祛風、消腫、活血、散瘀之效。治風濕痛、神經痛、腹痛腫脹、感冒咳嗽、跌打傷、腫毒、癬瘡。

方例

- 治感冒咳嗽：取根與雞屎藤、尖尾風各12公克，水煎服。
- 治感冒、腹痛、神經痛：全草20-40公克水煎服。
- 治酒後感冒：根與蒼耳根各20公克，水煎服。

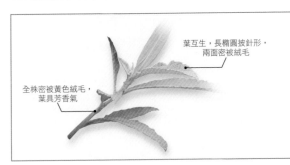

葉互生，長橢圓披針形，兩面密被絨毛

全株密被黃色絨毛，葉具芳香氣

藥用部位及效用
藥用部位
莖葉、根
效用
祛風、消腫、活血、散瘀之效。治風濕痛、神經痛、腹痛腫脹、感冒咳嗽、跌打傷、腫毒、癬瘡等。

採收期

保存 　採集地 　栽培環境與部位

大頭艾納香

Blumea riparia (Blume) DC. var. *megacephala* Randeria

科 名	菊科（Compositae）	藥 材 名	山紅鳳菜、大頭艾納香
屬 名	艾納香屬	別 名	細毛大艾、山紅鳳菜、山紅菜、紫蘇英

▲ 分布於平野山區多年生半藤狀草本。

形態

多年生半藤狀草本。葉互生，披針形，疏銳鋸齒緣。頭狀花序頂生，2-5朵排成疏纖形狀。花冠淡黃至紅紫色，由管狀花及舌狀花組成，總苞外被短毛。瘦果細小，具白色冠毛。

效用

有消腫止痛、止血之效。治咽喉痛、胃炎、婦女白帶、皮膚癢、脹氣、疔瘡、蛇傷。

方例

- 治咽喉痛：山紅鳳菜12-20公克，水煎加冬蜜服。
- 治月經不順、白帶：山紅鳳菜12公克、當歸、芍藥、川芎、熟地黃各6公克，水煎服。
- 治小孩食慾不振：山紅鳳菜、狗尾草各 12-20公克，燉排骨服。
- 治疔瘡：鮮葉、大青、金午時草、兔兒菜搗敷。

秋季開花，頭狀花序頂生

葉互生，披針形

藥用部位及效用

藥用部位
全草

效用
有消腫止痛、止血之效。治咽喉痛、胃炎、婦女白帶、皮膚癢、脹氣、疔瘡、蛇傷。鮮葉治腫毒及跌打損傷。

採收期

1	2	3	4	5	6
7	8	9	10	11	12

保存　

採集地　

栽培環境與部位

薊 *Cirsium japonicum DC.*

科 名	菊科（Compositae）	藥 材 名	大小薊、小薊
屬 名	薊屬	別 名	大小薊、南國小薊、雞角刺

▲ 薊分布於平野山區，為多年生草本植物。

形態

多年生草本，密被微毛。葉互生，倒披針形，羽狀深裂，齒緣具刺針。頭狀花，頂生，紫紅色；總苞綠色，6-7列；冠筒基部狹，先端5中裂，裂片線形。瘦果長橢圓形，具白色冠毛。

效用

破血、散瘀、涼血、止血之效。治吐血、衄血、利尿、外傷出血及瘡毒癰毒。

方例

- 治吐血、衄血：鮮品40-75公克，搗汁服。
- 治肺熱咳血：鮮品根40公克，水煎加冰糖服。
- 治婦人子宮出血、白帶：小薊20公克，艾葉12公克，青葙8公克、木耳8公克、炒黃柏20公克（白帶則去黃柏），半酒水煎服。
- 治心熱吐血：全草鮮品，搗汁服。

春夏開花，頭狀花紫紅色

葉互生，倒披針形羽狀深裂，齒緣具刺針

藥用部位及效用

藥用部位
全草或根

效用
破血、散瘀、涼血、止血之效。治吐血、衄血、利尿、外傷出血及瘡毒癰毒。

採收期

1	2	3	4	5	6
7	8	9	10	11	12

保存

採集地

栽培環境與部位

349

山芫荽 *Cotula hemisphaerica* Wall. ex Benth

科 名	菊科（Compositae）	藥 材 名	假吐金菊、山芫荽
屬 名	山芫荽屬	別 名	假吐金菊、芫荽草、鵝仔草

▲ 山芫荽於平野濕地群生。

形態

一年生草本，莖平舖或斜上，多分枝，葉互生，2-3回羽狀深裂，裂片線形，全緣或3裂，表面散生長毛。頭花著生短莖上，簇生枝腋，扁頭形，無柄。花黃綠色，總苞片綠色。瘦果多數，具翅狀苞片。

效用

清熱、解毒、利尿、消腫之效。治頭痛、痢疾、水腫、癰疽、疔瘡等。

方例

• 治痢疾：假吐金菊與鳳尾草各20公克，水煎服。
• 治癰疽：鮮品與金銀花，搗敷患處。

葉互生，2-3回羽狀深裂，表面散生長毛

藥用部位及效用

藥用部位

全草

效用

清熱、解毒、利尿、消腫之效。治頭痛、痢疾、水腫、癰疽、疔瘡等。

採收期
1	2	3	4	5	6
7	8	9	10	11	12

保存

採集地

栽培環境與部位

蘄艾 *Crossostephium chinense* (L.) Makino

科 名	菊科（Compositae）	藥 材 名	蘄艾、芙蓉
屬 名	蘄艾屬	別 名	芙蓉、海芙蓉、千年艾

▲ 海岸地區自生或栽培，葉密被白色絨毛似艾草，而得名；治風濕關節痛之要藥。

形態

多年生亞灌木。全株被灰白色短毛，具芳香。葉互生於枝端，長橢圓倒卵形，鈍頭或淺裂，全緣。頭狀花，球形，單生或著生成複總狀花序。花黃色，為雌性之管狀花，花冠先端4-5淺裂，具短梗。瘦果，具5稜。

效用

根有祛風濕、壯筋骨、解熱、解毒之效。治風濕、痛風關節炎、腰膝痠痛、小兒發育不良、跌打傷等。嫩枝葉治小兒胎毒解熱、婦女月經不調、跌打傷等。

方例

- 治風濕：根與赤芍藥、牛膝各12公克燉排骨服。
- 祛風、治腰痠痛：根20公克，半酒水燉豬腳服。
- 助小孩發育：取根20公克，水加酒少許燉雞服，或根與蚶殼草、九層塔根、虎杖各10公克，水加酒少許燉雞服。

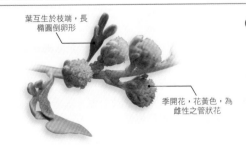

葉互生於枝端，長橢圓倒卵形

季開花，花黃色，為雌性之管狀花

藥用部位及效用
藥用部位
全株、根、嫩枝葉
效用
根有祛風濕、壯筋骨、解熱、解毒之效。治風濕、痛風關節炎、腰膝痠痛、小兒發育不良、跌打傷等。嫩枝葉治小兒胎毒解熱、婦女月經不調、跌打傷等。

採收期

保存

採集地

栽培環境與部位

昭和草 *Crassocephalum crepidioides* (Benth.) S. Moore

科 名	菊科（Compositae）	藥 材 名	昭和草
屬 名	昭和草屬	別 名	飛機草、饑荒草、山茼蒿

▲ 昭和草於平野山區普遍群生。

形態

一年生草本。葉互生，長橢圓披針形，不規則鋸齒緣，近基部羽狀深裂。頭狀花序，頂生常呈下垂，均為管狀花，先端紅紫色；總苞圓筒形，基部膨大。瘦果具白色冠毛。

效用

解熱、健胃、消腫。治高血壓、頭痛、小便不利、便秘等。外敷腫毒。

方例

- 治高血壓、頭痛：與魚腥草、蚶殼草各20-40公克，水煎服。
- 治小便不利、水腫：與夏枯草、車前草、茅草根各20公克，水煎加冰糖服。
- 治腫毒：鮮葉與咸豐草、爵床、四米草，搗敷患處。

採收期　　　保存　　採集地　　　栽培環境與部位

▲ 花為管狀花，先端紅紫色。

▲ 瘦果具白色冠毛。

▲ 頭狀花序，頂生常呈下垂。

葉互生，長橢圓披針形

藥用部位及效用

藥用部位
全草或莖葉

效用
解熱、健胃、消腫。治高血壓、
頭痛、小便不利、便秘等。外敷
腫毒。

茯苓菜 *Dichrocephala integrifolia* (L. F.) Kuentze.

科　名	菊科（Compositae）	藥 材 名	茯苓菜
屬　名	魚眼草屬	別　名	豬菜草、一粒珠

▲ 茯苓菜於平野山區群生，總狀頭狀花序。

形態

一年生草本。全株密生長軟毛。基部葉琴形，兩面被長軟毛，羽狀中裂，頂裂片卵形齒緣；中上層葉漸小；上層葉狹長橢圓形，未全裂。總狀頭狀花序。瘦果扁平。

效用

清熱解毒、利尿、止血癒傷。治高血壓、喉痛、肺炎。

方例

- 治肺炎、熱毒：茯苓菜、一葉草、白鳳菜、小金英等量搗取汁，調冰糖服或燉赤肉服。
- 治高血壓：茯苓菜、一枝香、鼠尾癀、苦瓜根各20-40公克，水煎調冰糖服。
- 治尿毒症：全草40-75公克，水煎當茶飲。
- 治腫瘡：茯苓菜與蒼耳、槐花、絡石藤、白芷等量，燒存性研細粉調乳香，外敷患部。

基部葉琴形，兩面被長軟毛，羽狀中裂

總狀頭狀花序

藥用部位及效用

藥用部位

全草

效用

清熱解毒、利尿、止血癒傷。治高血壓、喉痛、肺炎。

採收期　　保存　　採集地　　栽培環境與部位

1	2	3	4	5	6
7	8	9	10	11	12

漏盧 *Echinops grilisii* Hance

科名	菊科（Compositae）	藥材名	漏盧、山防風
屬名	漏盧屬	別名	野蘭、莢蒿、山防風

▲ 平野山區野生或栽培。最早記載於《神農本草經》，原名野蘭；《本草綱目》記載：「屋之西北黑處謂之漏，凡物黑色謂之盧，此草秋後即黑，異於眾草」故有漏盧之稱。民間稱為山防風。

形態

多年生草本，高50-80公分，密生白色絨毛。葉互生，莖中下部葉長橢圓形，羽狀深裂，裂片卵狀橢圓形，頂端具銳刺，葉緣具緣毛及細刺，葉背面密生白絨毛。莖上部葉漸小，狹橢圓形。頭狀花序球形，頂生或腋生，苞片多層，外層較小，內層狹菱形，頂端芒狀銳尖。花冠筒狀，白色。瘦果圓筒狀具短冠毛。

效用

清熱解毒，消腫排膿之效。治癰疽、惡瘡、筋脈拘攣、骨節疼痛、乳房腫痛、乳汁不通、熱毒、血痢、痔瘡出血、癌症要藥。

方例

- 治癰疽、瘰癧惡瘡：根鮮品40-75公克，絞汁加蜜服。
- 治流行性腮腺炎：根與板藍根各6公克，牛蒡子、甘草各2公克，水煎服。
- 治皮膚疹癢、瘡疥：與荊芥、白鮮皮、牛膝、當歸、枸杞子、苦參各10公克，甘草3公克，加酒煎服。

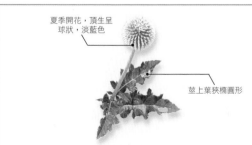

夏季開花，頂生呈球狀，淡藍色

莖上葉狹橢圓形

藥用部位及效用

藥用部位
根

效用
具清熱解毒，消腫排膿之效。治癰疽、惡瘡、筋脈拘攣、骨節疼痛、乳房腫痛、乳汁不通以及熱毒、血痢，治痔瘡出血、癌症要藥。

採收期 保存 採集地 栽培環境與部位

鱧腸 *Eclipta prostrate* L.

科 名	菊科（Compositae）	藥 材 名	鱧腸、旱蓮草、田烏草（臺）
屬 名	鱧腸屬	別 名	旱蓮草、田烏草、墨草、白田烏草

▲ 鱧腸於山野、田畔或溝旁群生。

鱧腸載於《唐本草》中，又名旱蓮草、蓮子草。明朝李時珍認為鱧是一種烏魚，其腸亦黑，鱧腸莖折斷時有墨汁流出，如鱧之腸，因而有鱧腸之稱。又其果實頗似蓮房狀，而稱為旱蓮草或蓮子草。

形態
一年生草本，高約20-60cm，匍匐或斜上，全株粗糙具短剛毛。葉對生，披針形，先端銳，基部狹，長約3cm，寬約1cm，鋸齒緣或全緣。花期夏至秋季，頭狀花白色，頂生或腋生，梗長2-3cm；外圍為雌性舌狀花，中央為兩性之管狀花。瘦果黑熟，截頭。

效用
收斂、止血、排膿之效。治吐血、衄血、腸出血、外傷出血、牙齒不固等。

採收期　　保存　採集地　　栽培環境與部位

▲ 鱧腸頭狀花頂生或腋生。

方例

- 治腎臟病水腫：田烏草嫩葉切碎，以苦茶油煎雞蛋服。
- 促進毛髮生長：鮮品全草搗汁塗。全草水煎服有烏髮之效。
- 治疗瘡腫毒：全草鮮品20-40公克，水煎服；或搗敷患處。

旱蓮草（鱧腸）藥材

藥用部位及效用
藥用部位
全草
效用
收斂、止血、排膿之效。治吐血、衂血、腸出血、外傷出血、牙齒不固等。

紫背草 *Emilia sonchifolia* (L.) DC. var. *javanica* (Blum.f.) Mattfeld

科 名	菊科（Compositae）	藥 材 名	紫背草、葉下紅
屬 名	紫背草屬	別 名	葉下紅、一點紅、假芥蘭

▲ 紫背草，葉單生，葉背呈紫紅色而得名。

以葉背面常帶紫色而得名。其頭狀花的綠色總苞幾乎包被所有小花，僅頂端露出一撮紫紅色花，遠看點點粉紅，有一點紅之稱。紫背草之名收載於《植物名實圖考》，為清熱、涼血、解毒要藥。

形態
一年生草本。單莖或分枝，殆無毛。葉單生，葉背呈紫紅色，故名。葉互生，莖下部葉略呈心形，波緣或羽裂，翼狀柄；上部葉，披針形，基部箭形或心形，粗鋸齒緣或波緣，無柄而略抱莖。四季開花，頭狀花序，花冠先端呈淡紫色，由兩性之管狀花組成，具長花梗。苞片圓狀披針形。瘦果五角柱形，粗糙，冠毛白色。

效用
具解熱、消炎、涼血、利尿、解毒之效。治腹瀉、腸炎、喉痛。外敷腫毒、跌打傷等。

採收期

保存

採集地

栽培環境與部位

▲ 花淡紫色之兩性管狀花。

▲ 紫背草藥材。

▲ 頭狀花序，瘦果具白色冠毛。

紫背草藥材

方例

- 治肺熱、肺炎、解毒：紫背草20-40
  公克，水煎服。
- 治腸炎：與鳳尾蕨各20公克水煎服。
- 治喉痛：鮮品40公克，水煎冰糖服。
- 消炎、退癀、治癰疔：紫背草與鼠
  尾癀，水煎服或搗敷腫毒。
- 治耳疔：鮮品全草與魚腥草搗敷。

藥用部位及效用

藥用部位

全草、葉

效用

解熱、消炎、涼血、利尿、解毒
之效。治腹瀉、腸炎、喉痛。外
敷腫毒、跌打傷等。

毛蓮菜 *Elephantopus mollis H.B.K.*

科 名	菊科（Compositae）	藥 材 名	天芥菜、登豎杇（臺）
屬 名	地膽草屬	別 名	天芥菜、登豎杇、白登豎杇、丁豎杇

▲ 毛蓮菜於平野山區群生。

形態

多年生草木，直立高30-60cm，全草密被白色軟毛。花期時莖上部多分歧。葉互生，根際葉大形，莖上較小，長橢圓形，長10-20cm，寬3-7cm，先端銳，基部狹，鋸齒緣，具柄翼狀。花由多數管狀花聚集而成，排列呈總狀，花冠白色，4深裂，總苞先端刺狀。瘦果具短毛、冠毛。全年開花結果。

效用

利尿劑。治腎臟炎、淋病。根涼血、止血。

方例

- 治腳水腫、痛風、神經痛：全草水煎服。
- 治腎臟炎：登豎杇、玉蜀黍鬚各20-40公克，水丁香20公克，水煎服。
- 治蛇傷：全草40公克、功勞葉20公克，酒煎服。
- 治水腫：全草40-75公克，燉豬肝服。

瘦果具短毛、冠毛，全年開花結果

葉互生，長橢圓形，鋸齒緣

藥用部位及效用

藥用部位

全草

效用

利尿劑。治腎臟炎、淋病。根涼血、止血。

採收期

保存

採集地

栽培環境與部位

饑荒草 *Erechtites valerianaefolia* (Wolf ex Rchb.) DC.

科 名	菊科（Compositae）	藥 材 名	饑荒草
屬 名	饑荒草屬	別 名	裂葉昭和草、飛機草

▲ 分布於平野山區。可作蔬菜充飢而得名。

形態

一年生草本。葉互生，長橢圓形，葉緣不規則鋸齒或羽狀深裂，頭狀花多數粉紅或紫紅色，總苞圓筒形，基部膨大，苞片線形；小花為管狀花，黃綠色，冠毛頂部粉紅。瘦果具白色微帶紫色冠毛。

效用

有解熱利尿、消腫之效。治感冒發熱、小便不利、便秘等。外敷腫毒。

方例

- 治感冒發燒：與魚腥草、車前草各20公克水煎服。
- 治腫毒、跌打傷：鮮葉與紫背草、爵床搗敷患處。

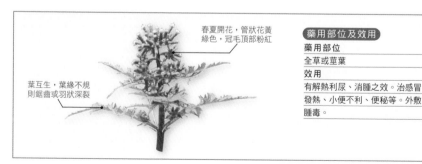

春夏開花，管狀花黃綠色，冠毛頂部粉紅

葉互生，葉緣不規則鋸齒或羽狀深裂

藥用部位及效用

藥用部位

全草或莖葉

效用

有解熱利尿、消腫之效。治感冒發熱、小便不利、便秘等。外敷腫毒。

採收期

| 1 | 2 | 3 | 4 | 5 | 6 |
| 7 | 8 | 9 | 10 | 11 | 12 |

保存

採集地

栽培環境與部位

山澤蘭 *Eupatorium formosanum* Hay.

科 名	菊科（Compositae）	藥 材 名	山澤蘭、六月雪
屬 名	澤蘭屬	別 名	臺灣澤蘭、六月雪、大本白花草、澤蘭草

▲ 山澤蘭平野山區群生。

形態

多年生草本。全草密生粗毛。葉對生，二深裂或全裂，裂片披針形，銳鋸齒緣，背面被白粉。頭狀花序，白色，排列成繖形花序。瘦果具白色冠毛。

效用

莖葉解熱、調經、抗癌之效。治血癌。利尿、中暑、傷風感冒、肺炎、消腫等。

方例

- 治筋骨、消炎：與牛膝、虎杖各10公克水煎服。
- 治腹痛：莖或根、咸豐草根各20公克，水煎服。
- 治高血壓、解毒：與桑葉、魚腥草等量，水煎服。
- 治癌：莖與白英、半枝蓮、白花蛇舌草各12-20公克，水煎服。

頭狀花序，具白色冠毛

葉對生二深裂

藥用部位及效用

藥用部位
莖葉及根

效用
莖葉解熱、調經、抗癌之效。治血癌、利尿、中暑、傷風感冒、肺炎、消腫等。

採收期

| 1 | 2 | 3 | 4 | 5 | 6 |
| 7 | 8 | 9 | 10 | 11 | 12 |

保存

採集地

栽培環境與部位

鼠麴草

Gnaphalium luteoalbum L. subsp. *affine* (D. Don) Koster

科 名	菊科（Compositae）	藥 材 名	鼠麴草
屬 名	鼠麴草屬	別 名	鼠麴、清明草、佛耳草、黃花艾

▲ 分布於平野山區，清明節前後盛產而有清明草之名。

形態

一年生草本，全株密被白色柔毛。根生葉小廣線形，莖葉互生，倒披針形，殆全緣。頭狀花序密集成繖形花序，淡黃色，中央由兩性之管狀花和周圍雌性之舌狀花聚集而成。總苞片長橢圓形。瘦果長橢圓形，具白色冠毛。

效用

治鎮咳、祛痰藥，治氣喘、高血壓、胃潰瘍、支氣管炎等。

方例

- 治風寒感冒、咳嗽：鼠麴草20-40公克，水煎服。
- 治支氣管炎、哮喘：鼠麴草、黃荊子、前胡、天葵子、桔梗各12公克，水煎服。

頭狀花序，密集成繖房狀

全株密被白色柔毛

藥用部位及效用

藥用部位
全草
效用
治鎮咳、祛痰藥，治氣喘、高血壓、胃潰瘍、支氣管炎等。

採收期

保存

採集地

栽培環境與部位

紅鳳菜 *Gynura bicolor* Roxb. & (Willd.) DC.

科 名	菊科（Compositae）	藥 材 名	紅鳳菜
屬 名	三七草屬	別 名	紅菜、木耳菜、腳目草

▲ 莖及葉背帶有紫紅色的菊科植物，原產於東亞熱帶，今各地普遍栽培蔬菜之用，亦供藥用。民間以麻油加薑炒食，言有補血之效。藥用亦用治婦科血病。

形態

多年生草本，高30-60cm，直立或斜上。葉互生，葉片橢圓狀披針形，粗鋸齒緣，葉背紫紅色。頭狀花序，頂生或腋生，數個組成繖形花序，全部管狀花，呈橘黃色，苞片1列。瘦果線形具冠毛。

效用

活血、止血、解毒、消腫之效。治痛經、咳血、創傷出血、潰瘍等。根有行氣、活血之效，治產後瘀血、腹痛、血氣痛等。

方例

- 治痛經：鮮品75-120公克，酒炒後，水煎服。
- 治創傷出血，消腫：紅鳳菜鮮葉，搗敷患處。
- 治產後瘀血：紅鳳菜根20-40公克，半酒水煎服。

葉互生，葉片橢圓狀披針形，粗鋸齒緣，葉背紫紅色

藥用部位及效用

藥用部位
全草、根

效用
活血、止血、解毒、消腫之效。治痛經、咳血、創傷出血、潰瘍等。根有行氣、活血之效，治產後瘀血、腹痛、血氣痛等。

採收期　　　　　　　保存　　採集地　　栽培環境與部位

兔兒菜 *Ixeris chinensis* (Thunb.) Nakai

科　名	菊科（Compositae）	藥 材 名	兔仔菜、小金英
屬　名	苦蕒菜屬	別　名	兔仔菜、鵝仔菜、山苦脈、小金英

▲ 兔兒草於平野、田畔、山區常見群生。

形態

多年生草本。全草無毛，全株具白乳汁。根際葉多數叢生，莖之葉互生，膜質，披針形，疏鋸齒或全緣，兩端銳尖，頂端之葉抱莖。黃花，頭狀花，疏生之聚繖狀圓錐花序。瘦果，具白色冠毛。

效用

消炎、解熱、鎮痛之效。治乳癰、癰腫、瘡癤、皮膚病、便秘、膀胱炎、喉痛、外痔等。外敷各種腫毒。

方例

* 治癰毒、腫瘍、乳癰：鮮根20-40公克半酒水煎服。
* 治乳癰：嫩葉切細，炒鴨蛋服。
* 治肺癰：小金英全草20-40公克，水煎服。
* 治癰腫、瘡癤、乳癰：與蒲公英鮮品搗敷患處。

兔兒菜藥材

藥用部位及效用

藥用部位
全草

效用
具消炎、解熱、鎮痛之效。治乳癰、癰腫瘡癤、皮膚病、便秘、膀胱炎、喉痛、外痔等。外敷各種腫毒。

採收期

保存　採集地

栽培環境與部位

菊科

刀傷草 *Ixeridium laeuigatum* (Blume) J.H.Pak & Kawano

科 名	菊科（Compositae）	藥 材 名	馬尾絲、大本蒲公英
屬 名	小苦蕒菜屬	別 名	大本蒲公英、馬尾絲、三板刀、龍舌癀

▲ 因民間用為治療刀傷和創傷而得名。又形如馬尾，有馬尾絲之名。

形態

多年生草本，全草無毛。根際葉紡錘狀披針形，銳尖頭，基部銳形，有柄，背面灰白色；莖葉之基部漸狹而成柄狀。黃花，頭狀花多數，排列成圓錐花序。瘦果狹披針形。

效用

消炎退癀、散風、行血、解熱、健胃之效。治癰疔、氣管炎、感冒、胃痛及外科炎症等。外敷腫毒、乳癰、刀傷、蛇傷。

採收期　　　　　　保存　　採集地　　　　栽培環境與部位

1	2	3	4	5	6
7	8	9	10	11	12

366

▲ 黃花頂生。

▲ 葉背灰白色，波狀緣。

方例

- 治癰疔：與豨薟各20公克水煎服。
- 治氣喘：與雙面刺各20公克、沈香4公克，燉鴨蛋服。
- 治肺癰：與耳鉤草各20公克鮮品半酒水煎服。
- 治感冒：與香附、葛根、車前草、一枝香各12公克，水煎服。
- 治乳癰：刀傷草20公克水煎服，並搗敷患處。

▲ 頭狀花多數呈圓錐花序。

四季開黃花

根際葉紡錘狀披針形，背面灰色

藥用部位及效用

藥用部位

全草

效用

消炎退癀、散風、行血、解熱、健胃之效。治癰疔、氣管炎、感冒、胃痛及外科炎症等。外敷腫毒、乳癰、刀傷、蛇傷。

367

豨薟 *Siegesbeckia orientalis* L.

科 名	菊科（Compositae）	藥 材 名	豨薟草
屬 名	豨薟屬	別 名	稀薟草、希薟、希占草、豬屎菜、狗咬癀

▲ 平野山區常見群生之草本植物。

民間常用的藥草，始載於《唐本草》，有火枚草、豬膏母、虎膏、狗膏、希仙、虎薟、黏糊菜等異名。《本草綱目》謂：「韻書記載，楚人呼豬為豨，呼草之氣味辛毒為薟，此草氣味如豬，而味莶螫，故謂之豨薟。」至於豬膏、虎膏、狗膏等名稱，皆因其氣味及可治虎狗之傷而得名。民間多稱為豨薟草，並有希占草、豬屎草、狗咬癀等別名，為祛風濕止痛藥。

形態

一年生草本。莖直立，叉狀分枝，枝斜開展密生短毛。葉卵狀長橢圓形。葉背面有腺點，兩面密生短毛，上葉漸次變小而狹。頭狀花，四季開放，呈黃色。瘦果無毛倒卵形。

效用

具祛風、散濕、消炎、解毒、鎮痛之效。治神經痛、喉痛、便毒、癰腫、瘡毒等。

採收期　　　　　保存　　採集地　　栽培環境與部位

▲ 豨薟藥材。

方例

- 治關節炎、風濕、痛風、瘡腫毒、高血壓：豨薟草、牛膝各12-20公克，水煎服。
- 治疔瘡：與牛入石、鳥不宿、忍冬藤各12公克，水煎服。
- 治關節腫毒：豨薟、山香、走馬胎、接骨草各20公克，水煎服。
- 治瘧疾：豨薟40公克，水煎服。
- 治黃疸、肝炎：豨薟20公克，山梔子、咸豐草各10公克水煎服。
- 治扁桃腺炎：豨薟、龍葵鮮品各20-40公克，水煎服。

▲ 頭狀花頂生，花黃色。

豨薟藥材

藥用部位及效用
藥用部位
全草
效用
祛風、散濕、消炎、解毒、鎮痛之效。治神經痛、喉痛、便毒、癰腫、瘡毒等。

苣蕒菜 *Sonchus arvensis* L.

科 名	菊科（Compositae）	藥 材 名	苣蕒菜、山苦蕒、牛舌癀
屬 名	苦苣菜屬	別 名	苦苣菜、山苦蕒、山鵝仔菜、牛舌癀

▲ 葉似牛舌，有消腫退癀之效，而有牛舌癀之名。

形態

多年生草本。全株含白色乳汁。基生葉叢生狀，葉片舌狀長披針形，無柄略抱莖，細疏鋸齒緣。頭狀花，頂生，呈繖形花序，小花均為舌狀花，黃色。雄蕊5枚，雌蕊2心皮。瘦果長橢圓形，具白色冠毛。

效用

清熱解毒。治乳腺炎、闌尾炎、腫毒、癤瘡、痔瘡、痢疾、小便白濁、遺精等。

方例

• 治乳腺炎：苣蕒菜20公克，水煎服或搗敷患處。或山苦蕒、雷公藤各適量，加酒糟少許共搗敷患處。
• 治腫毒、疔瘡：鮮品搗汁擦患處。
• 治痢疾：與鳳尾草、爵床、紅乳草各10公克，水煎服。

採收期　　　　保存　　採集地　　栽培環境與部位

▲ 頭狀花頂生呈繖形花序。

▲ 花黃色均為舌狀花。

▲ 基生葉叢生狀。

▲ 葉片舌狀長披針形。

苣蕒菜藥材

藥用部位及效用

藥用部位

全草

效用

清熱解毒。治乳腺炎、闌尾炎、腫毒、瘰癧、痔瘡、痢疾、小便白濁、遺精等。

臺灣蒲公英 *Taraxacum formosanum Kitamura*

科 名	菊科（Compositae）	藥 材 名	本蒲公英
屬 名	蒲公英屬	別 名	蒲公英、蒲公草、黃花地丁、蒲公丁

▲ 分布於北海岸或中部沿海一帶。帶有棉花狀的果實，隨風飄飛如雪花。

蒲公英最早收載於《唐本草》，而《本草綱目》釋名為金簪草、黃花地丁。《千金方》一書以鳧公英之稱；《圖經本草》，則稱之為僕公罌。此外，另有鵓鴣英、蒲公丁、耳瘢草、狗乳草等異名，今多稱蒲公英。

形態
多年生宿根性草本。葉叢生根際，多數，葉片披針狀長橢圓形，倒向羽狀缺刻或深裂，銳尖，全緣，柄呈翼狀。花根生，單一或多出，頂生，頭狀花序，徑約3cm，小花皆舌狀花，黃色，5齒緣。瘦果紡縋形，上部具白色冠毛。

效用
清熱、解毒、利尿、消炎、止痛、健胃之效。治急性乳腺炎、瘰癧、疔毒瘡腫、感冒發熱、支氣管炎、乳癰、胃炎等。

採收期　保存　採集地　栽培環境與部位

▲ 花黃色，小花均為舌狀花。　　　　▲ 蒲公英藥材。

方例

- 治乳癰：蒲公英、金銀花各20公克，半酒水煎服。
- 治膽囊炎：蒲公英20公克，水煎服。
- 治急性乳腺炎：與金銀花、香附各12公克水煎服。
- 治肝炎：根與茵陳蒿、柴胡、山梔子、鬱金、茯苓、金銀花各10公克，水煎服。
- 治惡瘡、蛇傷、腫毒：蒲公英、刀傷草及金銀花等鮮品搗敷患處。

▲ 瘦果具白色冠毛。

葉片披針狀長橢圓形，倒向羽狀缺刻或深裂

蒲公英鮮品

藥用部位及效用

藥用部位

全草，根

效用

清熱、解毒、利尿、消炎、止痛及健胃之效。治急性乳腺炎、瘰癧、疔毒瘡腫、感冒發熱、支氣管炎、乳癰、胃炎等。

長柄菊 *Tridax procumbens* L.

科　名	菊科（Compositae）	藥材名	長柄菊
屬　名	長柄菊屬	別　名	燈龍草、肺炎草

▲ 長柄菊於平野山區群生。

形態

多年生草本，全株密被粗絨毛。葉對生，卵狀披針形，兩端短尖，深粗鋸齒緣，具柄。頭狀花序，頂生或腋生，花黃色，具長梗，萼綠色。瘦果圓筒狀、具冠毛。

效用

清熱、消炎、利尿之效。治肝炎、肺炎、高血壓、感冒發熱、小便不利、痢疾等。

採收期

1	2	3	4	5	6
7	8	9	10	11	12

保存　A

採集地

栽培環境與部位

▲ 長柄菊花具長梗，瘦果具白色冠毛。

▲ 平野群生。

方例

- 治肝炎：取全草鮮品40-75公克，水煎冰糖服。
- 治肝病：長柄菊、茵陳蒿、柴胡各15公克，人參、生薑、甘草、黃芩、大棗各5公克，水煎服。或長柄菊、豨薟、化石草、山梔根、耳鉤草各20-40公克，燉瘦肉服。
- 治高血壓：長柄菊、田烏草、白花仔草、茅根各20-40公克，水煎調冰糖煎服。
- 治痢疾：長柄菊、鼠尾癀、向天盞、筆仔草各20公克，水煎服。

長柄菊藥材

藥用部位及效用

藥用部位

全草

效用

清熱、消炎、利尿之效。治肝炎及肺炎、高血壓、感冒發熱、小便不利、痢疾等。

傷寒草 *Vernonia cinerea* (L.) Less.

科 名	菊科（Compositae）	藥 材 名	傷寒草、一枝香
屬 名	斑鳩菊屬	別 名	一枝香、大號一枝香、星拭草、假鹹蝦

▲ 平野山區群生。載於《嶺南采藥錄》，多用於治療傷風感冒等症而得名，又因其花枝細長如拜拜用之香而有一枝香之稱。

形態

一年生草本。莖細長分枝，葉互生，具柄，葉片倒卵形或倒披針形，淺疏鋸齒緣，兩面被疏毛。全年開淡紫紅色花，頭狀花序排列成疏繖形花序，皆為管狀花。瘦果圓柱形，冠毛白色，多數。

效用

有清熱解毒、消炎、祛濕之效。治外感發熱、黃疸型肝炎、濕熱腹瀉、眼疾、疔瘡腫毒、跌打傷、小兒夜尿、乳瘡、蛇傷等。

方例

• 治肺癰：傷寒草40-75公克，水煎服。
• 治眼疾：全草20公克，水煎服。
• 治眼結膜炎：傷寒草、桉葉各12公克，草決明24公克，山葡萄、青蒿各20公克，水煎服。

採收期　　　　　保存　　採集地　　栽培環境與部位

▲ 花皆為管狀花。

▲ 全年開淡紫紅色花。

- 治喉痛：傷寒草、兔兒菜、爵床、黃花蜜菜、酢漿草各40公克，水煎或搗汁服。
- 治血痢、咳嗽：全草20-40公克，水煎服。
- 治蛇傷：全草絞汁，沖酒服，渣敷患處。

▲ 頭狀花呈疏繖形花序。

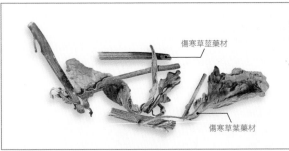

傷寒草莖藥材

傷寒草葉藥材

藥用部位及效用
藥用部位
全草
效用
有清熱解毒、消炎、祛濕之效。治外感發熱、黃疸型肝炎、濕熱腹瀉、眼疾、疔瘡腫毒、跌打傷、小兒夜尿、乳癰、蛇傷等。

苦菜 *Sonchus oleraceus* L.

科名	菊科（Compositae）	藥材名	苦菜
屬名	苦苣菜屬	別名	苦滇菜、苦苣菜、苦藚、山鵝仔菜

▲ 平野山區野生。

形態
一年生或越年生草本。全株含白色乳汁。葉互生，長橢圓狀廣披針形，不整狀羽裂及尖齒緣。頭狀花序，頂生，呈疏繖形花序，均為舌狀花，黃色。瘦果，具白色冠毛。

效用
全草，清熱、涼血、通乳、明目、解毒。治痢疾、黃疸、肝炎、乳癰、疔瘡、痔瘡等。

方例
- 治肝炎、黃疸：全草與茵陳蒿、苦蘵、山梔子各12公克，水煎服。
- 治乳腺炎、乳癰：全草與蒲公英、金銀花各12-20公克，水煎或燉瘦肉服。
- 治疔瘡：全草鮮品與金銀花、爵床搗敷。

頭狀花序頂生，均為黃色舌狀花。

莖上葉互生，無柄呈耳垂狀抱莖

藥用部位及效用

藥用部位
全草

效用
全草，清熱、涼血、通乳、明目、解毒。治痢疾、黃疸、肝炎、乳癰、疔瘡、痔瘡等。

採收期　　　保存　　採集地　　　栽培環境與部位

| 1 | 2 | 3 | 4 | 5 | 6 |
| 7 | 8 | 9 | 10 | 11 | 12 |

A

蟛蜞菊 *Wedelia chinensis* (Osbeck) Merr.

科 名	菊科（Compositae）	藥 材 名	蟛蜞菊、黃花蜜菜
屬 名	蟛蜞菊屬	別 名	路邊菊、黃花田路草、黃花蜜菜、海砂菊

▲ 平野至海濱濕潤地開著小黃花群生的菊科植物。民間習稱黃花蜜菜，是熬煮百草茶重要的藥材。

形態

多年生草本。匍匐蔓延，節處常生不定根，全株粗糙。葉對生，線狀長橢圓形，長3-7cm，寬0.6-1.2cm，微鈍鋸齒緣。頭狀花序，腋生而單一，頭狀花黃色，舌狀花長橢圓形，雌性，管狀花兩性。瘦果倒卵形，具3稜。

效用

有清熱解毒、袪瘀消腫之效。治感冒咳嗽喉痛、痢疾、痔瘡、腹痛、肺熱咳嗽、肝火旺盛和跌打損傷。

方例

- 治感冒發熱：黃花蜜菜、傷寒草、桑葉、鳳尾草、紅田烏各20公克，水煎服。
- 治喉痛、白喉：鮮全草20-40公克、甘草8公克、通草2公克，水煎服。
- 治跌打傷：鮮全草搗敷患處。

春至秋開花，頭狀花黃色

葉線形

藥用部位及效用

藥用部位
全草

效用

有清熱解毒、袪瘀消腫之效。治感冒咳嗽喉痛、痢疾、痔瘡、腹痛、肺熱咳嗽、肝火旺盛和跌打損傷。

採收期 | 保存 | 採集地 | 栽培環境與部位

蒼耳 *Xanthium strumarium* L.

科名	菊科（Compositae）	藥材名	蒼耳、蒼耳子
屬名	蒼耳屬	別名	枲耳、羊帶來、虱母子

▲ 蒼耳為平野山區常見之草本植物。

果實密被著鉤刺，常附著於過路人的衣服和動物體毛，特別是羊的身上，民間稱為羊帶來或蒼耳。蒼耳原名枲耳，最早記載於《神農本草經》，列為中品藥。《本草綱目》解釋其葉形如枲麻，故有枲耳之名。此外《詩經》亦稱其為卷耳，《爾雅》稱為蒼耳，《詩疏》稱為爵耳、耳璫、羊負來等異名，都是以果實特徵而得名。

形態
一年生草本呈灌木狀。葉互生，大而廣闊，不規則粗鋸齒緣或3-5裂，具長柄。春夏開花，頭狀花序，聚生，單性同株，雄花著生枝梢上部，球形，花冠黃色；雌花在下部呈頭狀卵形。瘦果倒卵形，總苞有刺。

效用
全草，散風祛濕、消炎鎮痛。莖葉祛風解毒，治感冒、瘰癧、扁桃腺炎。果實，發汗、利尿解毒。治感冒頭痛、關節炎、水腫。

採收期　　　　　　保存　　　採集地　　栽培環境與部位

380

▲ 春夏開花，頭狀花序。

方例

- 發汗、治神經痛、感冒：蒼耳子10-16公克或根、莖20公克，水煎服。
- 治疥癬、膚癢：蒼耳子或全草，煎汁洗患處。
- 治鼻竇炎：蒼耳子、苦瓜根各20-40公克，水煎服。
- 治感冒、瘰癧、腫毒、扁桃腺炎：根及莖20公克水煎服。
- 治風濕痛：全草或果實、威靈仙、牛膝各12公克，加酒煎服。

▲ 瘦果倒卵形，總苞有刺。

蒼耳子藥材

蒼耳莖藥材

藥用部位及效用

藥用部位

果實、根及莖、全草

效用

果實有發汗、利尿、解毒、鎮痙、鎮痛之效，治感冒頭痛、關節痛、水腫等。根及莖祛風解毒，治感冒、瘰癧、扁桃腺炎。全草散風解熱、消炎鎮痛、感冒頭痛。外敷癰疽、惡瘡、疔癤。

黃鵪菜 *Youngia japonica* (L.) DC.

科 名	菊科（Compositae）	藥材名	罩壁癀
屬 名	黃鵪菜屬	別 名	罩壁癀、山飛龍、山波薐、山芥菜、山刈菜

▲ 黃鵪菜為平野山區空地群生之草本植物。

形態

一年生草本，葉叢生根際，倒披針形或長橢圓形，長6-20cm，寬1.5-3.5cm，羽狀深裂，疏齒牙緣，銳頭，基部細而成柄狀。春、夏開黃花，頭狀花多數，先端著生成繖形圓錐花序，黃色小花10-15朵，舌形花冠。瘦果褐色具冠毛。

效用

具解熱、解毒、利尿、消腫、止痛之效，治胃熱、咽痛、乳腺炎、尿道炎。外用敷蛇傷。

方例

• 解熱、利尿：取全草20公克，水煎服。
• 退肝火、利尿：與鉤藤、金針花、山苦瓜藤、黃水茄各10-20公克，水煎服。
• 治蛇傷：全草40公克，半酒水煎服，取鮮品搗敷患處。

採收期　　　　保存　　　採集地　　　栽培環境與部位

▲ 花黃色，舌狀花冠。

▲ 頭狀花呈繖形花序。

▲ 春夏開黃花，頭狀花多數。

黃鵪菜藥材

藥用部位及效用

藥用部位

全草

效用

解熱、解毒、利尿、消腫、止痛
之效，治胃熱、咽痛、乳腺炎、
尿道炎。外用敷蛇傷。

名詞釋義
Paraphrase

十字對生 Decussate opposite
葉片對生且上下兩片成十字狀，如龍柏、福木。

三出複葉 Ternate compound leaf
每一片葉子都是由三片小葉所組成的，而葉柄的基部會有芽，但小葉則沒有小葉的排列方式。

互生 Alternate
枝條二側的葉子交互生長，如樟樹。

分離果 Schizocarp
由兩心皮的子房發育而成，兩室，成熟時兩室分開，懸於中軸或果柄上。

瓜果 Pepo
由多數心皮的子房發育而來，花托與外果皮合生成瓜皮，內含多數種子。

有限花序 Determinate inflorescence
花開放與發育的順序是由頂端向基部，花軸及花數不隨花序發育而拉長及增加。

羽狀複葉 Pinnate compound leaf
小葉片排列於葉軸兩側呈羽毛狀。「羽狀複葉」又分為一回羽狀複葉（Pinnate leaf）、二回羽狀複葉（Bipinnate leaf）到三回羽狀複葉，指分枝兩側再著生有羽狀排列的小葉，依分枝次數來分為一回到多回。而頂端若有頂生的小葉則稱「奇數羽狀複葉」，沒有則稱「偶數羽狀複葉」。

肉穗花序 Spadix
花軸肥厚周圍著生無花柄之小花，花序外側為一大型苞片，稱佛焰苞。

舌狀 Ligulate
花瓣裂片舌狀。

孢子 Spore
孢子囊內之一細胞微構造，可萌發為配子體。

孢子葉 Fertile frond
具孢子的實葉。

孢子囊 Sporangium
產生孢子的構造。

果實 Fruit
是由具單一雌蕊的一朵花所發育成的果實，大多數植物的果實均是單生果，依構造不同可再分成乾果和肉質果兩類。

花托 Receptacle
花柄頂端的部份，其上著生有花萼、花冠、雌蕊、雄蕊構造。

花冠 Corolla
為花瓣之合稱。

花被 Perianth
花萼與花冠合稱花被，有吸引傳粉者的作用。

花絲 Filament
雄蕊支持花藥的構造。

花萼 Calyx
為萼片（Sepals）之合稱，可保護花芽通常為綠色，形狀像花瓣或葉片。

花藥 Anther
雄蕊頂端膨大物著生於花絲上，產生花粉的構造。

柑果 Hesperidium
由多數心皮的子房發育而來，外果皮與中果皮形成果壁，內果皮瓣狀，內側表皮向內突出形成楔形汁囊。

盆狀 Salverform
花冠筒長，花瓣裂片與冠筒約呈直角。

苞片 Bract
花或花序基著生較小形的葉或葉狀體，於毬果中軸生長的鱗片狀物體。

唇形 Labiate
花瓣癒合成上下兩裂片，狀似兩唇。

核果 Drupe
內果皮由石細胞構成堅硬組織，保護種子，中果皮發育成肉質，外果皮較薄。

根 Root
除了吸收水分外，根還有其他的功能，例如固定植物體、吸收及儲存養分。

翅果 Samara
閉果的一種類型。果皮部分延伸成翅狀物，翅數通常1或2，可借風力傳播。

草本 Herb
具有木質部不甚發達的草質或肉質的莖，而其地上部分大都於當年枯萎，但也有地下莖發達而為二年生或多年生的常綠葉的種類。

十一劃

堅果 Nut
果皮堅硬而不開裂，內含種子一枚，殼斗科的堅果具由總苞發育成的殼斗。

宿萼 Persistent calyx
萼片在果實成熟時仍存在者。

梨果或仁果 Pome
由下位子房與花筒癒合發育而成的假果。僅中央為子房發育而成，其外果皮與花筒沒有明顯界限。

莢果 Legume
由單子房的一個心皮發育而成，成熟時沿兩腹縫線、背縫線開裂，果皮裂成兩瓣。

莖 Stem
莖的主要功能在運輸，能把根所吸收的水分養分運送到各地，也能把葉子所產生的能量送到需要或儲存的地方，可謂是植物體內的運輸網。

被子植物 Gymnosperm
被子植物會開花，胚珠授精後會結成種子，而花朵其他的構造便會依不同的種類化成不一樣的果實。

十二劃

單子葉植物 Monocots
屬於被子植物，只有一片子葉，例如玉米、稻米。

單生複葉 Unifolialate compound leaf
每一葉柄亦著生一葉片，但是在葉子基部會延生翅膀形狀的構造，因此稱為「單生複葉」。

單頂花序 Solitary
花軸頂端只著生一朵花。

單葉 Simple leaf
每一個葉柄著生一葉片。

喬木 Tree
喬木有固定幹形的主莖，通常在離開地面相當的距離後才有分枝。喬木按冬季或旱季落葉與否又分為落葉喬木和常綠喬木。

壺狀 Urceolate
花冠筒略呈圓形且上部窄縮，花瓣裂片小。

掌狀複葉 Palmate compound leaf
葉柄上著生3片小葉以上，展開成掌狀。

無限花序 Indeterminate inflorescence
營養來源充足下，花軸可無限增長。花軸的發育與開放順序由外向內，由下向上。

385

筒狀　Tubular
花冠筒呈長圓筒狀。

雄蕊　Stamens
為植物之雄性生殖器官，包括花絲及花藥兩部份，花粉（Pollen）則存在花藥中。

葉　Leaf
大部分的植物是依靠自己進行光合作用來產生能量，而光合作用最重要的部位便是葉子，可謂植物的能量製造器。

葉序　Phyllotaxis
葉子生長的排列順序。

十三劃

葇荑花序　Catkin / Ament
單性花無花柄，花序柔軟下垂，成熟後整個花序掉落。

十四劃

對生　Opposite
枝條二側的葉子相對生長，如日日春。

漏斗狀　Funnelform
各花瓣相連結，冠筒呈漏斗狀。

聚合果　Aggregate fruit
由許多小瘦果集合於膨大的花托上所構成的，我們所吃的部份是由花托發育而成，例如懸勾子屬、草莓、荷花。

聚繖花序　Cyme
花軸頂端著生一朵小花，兩側分枝上再形成小花。

裸子植物　Angiosperms
裸子植物是一群比被子植物早又比蕨類晚出現的植物，它的胚珠和種子都是裸露的，不像被子植物有其他的構造保護著。

雌蕊　Pistil
被子植物的雌性生殖器官，稱為雌蕊，通常長在花的中央部份。其構造基本上可分為三個部分：膨大的基部為子房（Ovary）、長在子房上細長的花柱（Style）、花柱頂端的柱頭（Stigma）。

蒴果　Capsule
果實成熟後會開裂，而開裂的方式有許多種，例如木棉、黃槿、酢漿草。

蓇葖果　Follicle
由單一心皮所組成由單邊開裂。

十五劃

漿果　Berry
由一或多數心皮的子房發育而來，外果皮薄，中果皮和內果皮肥厚多汁，含多粒種子。

瘦果　Achene
含種子一枚，果皮與種皮不癒合，成熟時果皮不開裂。

蝶狀　Papilionaceus
由旗瓣、翼瓣及龍骨瓣形成的花形。

複聚繖花序　Compound Cyme
花軸的分枝上再著生小聚繖花序。

複穗狀花序　Compound spike
花序主軸上再生分枝，於分枝上著生穗狀的小花序。

複總狀花序 / 圓錐花序　Compound raceme
花序主軸上再生分枝，於分枝上著生互生的小花，整個花序呈圓錐狀。

複繖形花序 Compound umbel
由許多繖形花序集合而成的大繖形花序。

輪生 Whorled
二片以上的葉子生長的枝條的同一段位置
上，而呈現輻射狀的排列。

輪狀 Rotate
花冠筒短，各花瓣作輪狀排列。

十六劃

穎果 Caryopsis
含種子一枚，成熟時果皮與種皮癒合成皮
膜狀。為禾本科所特有。

蕨類植物 Pteridophyte
蕨類是最早出現在地球上的維管束植物，
生殖方式與一般的種子植物不同，是以非
常細小的孢子繁殖後代。

頭狀花序 Head / Capitate / Capitulum
花軸短縮成盤狀，頂端著生大量無花柄之
小花。

十七劃

穗狀花序 Spike
花軸上著生無花柄之小花。

總狀花序 Raceme
花軸上互生多朵有梗的小花，由下往上開
放，花軸可再生長。

總苞 Involucre
整個花序外側包覆的葉狀構造。

隱頭花序 Hypanthodium
無限花序的一種，花軸頂端膨大肉質，中
央凹陷呈囊狀，小花著生於囊狀內壁。

叢生 Fasciculate
葉子集中生長在枝條的頂端。

十八劃～

雙子葉植物 Eudicots
屬於被子植物，種子具有二片提供小苗養
分的子葉，例如綠豆、豌豆。

繖形花序 Umbel
各小花的花梗集生於花軸頂端。

繖房花序 Corymb
花軸上互生花梗長短不一的小花，花軸下
部的花柄較長而上部的較短，各花散開成
平面狀。

藤本植物 Vine / Liana
植物體細長，不能直立，只能依附別的植
物或支援物，纏繞或攀緣向上生長的植
物。

鐘狀 Campanulate
花冠筒寬闊呈鐘形。

灌木 Shrub
灌木沒有中心主幹，通常從基部就會分出
許多分枝。

變形聚繖花序 Modified Cyme
聚繖花序的中央或一側的花朵退化。

藥材名索引

學名及科名索引
Index

凡例暨參考文獻

- 本書收錄臺灣地區野生或栽培之藥用植物共計286種。
- 中文名係依臺灣植物誌及中草藥相關書籍習用之名稱。
- 學名以國際通用之拉丁文植物學名，並附其科名等。
- 別名即俗名，因地域而異，僅摘錄地方性之通用名。
- 藥材名稱係以藥材所使用之名稱為主。
- 效用以歷代本草及文獻所載之藥效。
- 方例係摘錄歷代本草及民間驗方所使用者，僅供參考。宜依中醫師或藥師指示使用。
- 度量單位、長度使用m（公尺）、cm（公分）、mm（公釐）等。重量以現行公制公克計量，兩（=10錢）=37.5克、錢（=10分）=3.75公克等。
- 總論列有本書之使用方法。附錄列有名詞釋義及索引等。

- 許鴻源：臺灣地區出產中藥材圖鑑，行政院衛生署中醫藥委員會，1972。
- 許鴻源、陳玉盤、許順吉、許照信、陳建志、張憲昌：簡明藥材學，新醫藥出版社，1986。
- 那琦：本草學，南天書局，1982。
- 顏焜熒：原色常用中藥圖鑑，南天書局，1980。
- 臺灣植物編輯委員：臺灣植物誌（第二版）第一輯～第六輯，現代關係出版社1993-2000。
- 甘偉松：臺灣植物藥材誌（第一輯～第三輯），中國醫藥研究所，1964-1968。
- 高木村：原色臺灣民間藥（1-3），南天書局，1985-2000。
- 邱年永、張光雄：原色臺灣藥用植物圖鑑（1-6），南天書局，1983-2001。
- 張憲昌：藥草（一）、（二），渡假出版社，1987-2000。
- 張憲昌：民間用藥，綠生活國際股份有限公司，1996。
- 張憲昌：養生青草茶，三采文化出版事業，2002。
- 林宜信等：臺灣藥用植物資源名錄，行政院衛生署中醫藥委員會，2003。
- 林宜信等：臺灣常用藥用植物圖鑑（第一冊～第三冊），行政院衛生署中醫藥委員會，2003-2004。
- 張憲昌等：易混淆及誤用藥材之鑑別（Ⅰ）、（Ⅱ），行政院衛生署藥物食品檢驗局，2002-2006。

國家圖書館出版品預行編目資料

臺灣藥用植物圖鑑／張憲昌著. －－初版
. －－臺中市：晨星，2007〔民 96〕
面； 公分. －－（台灣自然圖鑑；001）
參考書目：面
含索引

ISBN 978-986-177-113-7（平裝）

1. 藥用植物 - 臺灣 - 圖錄

374.8024   96006437

台灣自然圖鑑 001

臺灣藥用植物圖鑑

作　　者	張憲昌
編　　輯	徐惠雅
特約編輯	林美蘭
校　　對	張憲昌・林美蘭・徐惠雅
版面設計	林姿秀

創辦人｜陳銘民
發行所｜晨星出版有限公司
407 台中市西屯區工業 30 路 1 號 1 樓
TEL：04-23595820　FAX：04-23550581
行政院新聞局局版台業字第 2500 號
法律顧問｜陳思成律師
初版｜西元 2007 年 8 月 10 日
西元 2021 年 4 月 15 日（八刷）

總經銷｜知己圖書股份有限公司
（台北公司）106 台北市大安區辛亥路一段 30 號 9 樓
TEL：02-23672044 / 23672047　FAX：02-23635741
（台中公司）407 台中市西屯區工業 30 路 1 號 1 樓
TEL：04-23595819　FAX：04-23595493
E-mail：service@morningstar.com.tw
網路書店 http://www.morningstar.com.tw

讀者專線｜02-23672044
郵政劃撥｜15060393（知己圖書股份有限公司）
印刷｜上好印刷股份有限公司

定價 590 元
（如有缺頁或破損，請寄回更換）
ISBN 978-986-177-113-7
Published by Morning Star Publishing Inc.
Printed in Taiwan

◆ 讀者回函卡 ◆

以下資料或許太過繁瑣，但卻是我們瞭解您的唯一途徑，

誠摯期待能與您在下一本書中相逢，讓我們一起從閱讀中尋找樂趣吧！

姓名：_____　性別：□ 男　□ 女　生日：　　／　　　／

教育程度：_____

職業：□ 學生　　　　□ 教師　　　　□ 內勤職員　　□ 家庭主婦

　　　□ 企業主管　　□ 服務業　　　□ 製造業　　　□ 醫藥護理

　　　□ 軍警　　　　□ 資訊業　　　□ 銷售業務　　□ 其他_____

E-mail：_____　聯絡電話：_____

聯絡地址：□□□_____

購買書名：　臺灣藥用植物圖鑑

· 誘使您購買此書的原因？

□ 於 _____ 書店尋找新知時　□ 看 _____ 報時瞄到　□ 受海報或文案吸引

□ 翻閱 _____ 雜誌時　□ 親朋好友拍胸脯保證　□ _____ 電臺DJ熱情推薦

□ 電子報的新書資訊看起來很有趣　□ 對晨星自然FB的分享有興趣　□ 瀏覽晨星網站時看到的

□ 其他編輯萬萬想不到的過程：_____

· 您覺得本書在哪些規劃上需要再加強或是改進呢？

□ 封面設計_____　□ 尺寸規格_____　□ 版面編排_____　□ 字體大小_____

□ 內容_____　　　□ 文／譯筆_____　□ 其他_____

· 下列出版品中，哪個題材最能引起您的興趣呢？

臺灣自然圖鑑：□ 植物 □ 哺乳類 □ 魚類 □ 鳥類 □ 蝴蝶 □ 昆蟲 □ 爬蟲類 □ 其他_____

飼養&觀察：□ 植物 □ 哺乳類 □ 魚類 □ 鳥類 □ 蝴蝶 □ 昆蟲 □ 爬蟲類 □ 其他_____

臺灣地圖：□ 自然 □ 昆蟲 □ 兩棲動物 □ 地形 □ 人文 □ 其他_____

自然公園：□ 自然文學 □ 環境關懷 □ 環境議題 □ 自然觀點 □ 人物傳記 □ 其他_____

生態館：□ 植物生態 □ 動物生態 □ 生態攝影 □ 地形景觀 □ 其他_____

臺灣原住民文學：□ 史地 □ 傳記 □ 宗教祭典 □ 文化 □ 傳說 □ 音樂 □ 其他_____

自然生活家：□ 自然風DIY手作 □ 登山 □ 園藝 □ 觀星 □ 其他_____

· 除上述系列外，您還希望編輯們規畫哪些和自然人文題材有關的書籍呢？_____

· 您最常到哪個通路購買書籍呢？□ 博客來 □ 誠品書店 □ 金石堂 □ 其他_____

很高興您選擇了晨星出版社，陪伴您一同享受閱讀及學習的樂趣。只要您將此回函郵寄回本

社，或傳真至（04）2355-0581，我們將不定期提供最新的出版及優惠訊息給您，謝謝！

若行有餘力，也請不吝賜教，好讓我們可以出版更多更好的書！

· 其他意見：_____

晨星出版有限公司 編輯群，感謝您！

郵票

請黏貼 8 元郵票

407
臺中市工業區30路1號

晨星出版有限公司

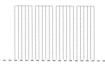

請沿虛線摺下裝訂，謝謝！

更方便的購書方式：

(1) 網站：http://www.morningstar.com.tw
(2) 郵政劃撥　帳號：15060393
　　　　　　戶名：知己圖書股份有限公司
　　請於通信欄中註明欲購買之書名及數量
(3) 電話訂購：如為大量團購可直接撥客服專線洽詢

◎ 如需詳細書目可上網查詢或來電索取。
◎ 客服專線：02-23672044　傳眞：02-23635741
◎ 客戶信箱：service@morningstar.com.tw